KB141238

생명은 피 안에 있다

# 혈액과 물과 공기

주기환 지음

배문사

# 들어가면서

생명, 혈액, 물, 공기… 전혀 다른 것처럼 보이지만 그 뿌리는 연결되어 있으며, 그 뿌리에 물이 있고, 물의 순환이 정상적인 상태가 되어야 혈액이 건강해지고, 혈액이 건강해진다는 것은 곧 생명이 건강해지는 것과 연결된다.

어릴 때 "육체의 생명은 피 안에 있다." 는 『구약성경』의 레위기에 기록된 성경구절을 처음 접하였을 때 신선한 충격을 받았던 적이 있다. 인간에게 있어서 육체의 생명이 어디에 있는지에 대한 수많은 철학과 신학과 과학이 이에 관하여 설명하고 있지만, 이 성경구절만큼 명쾌한 답을 주는 것은 없다. 육체의 생명은 피에 있다는 것은 해석이 필요치 않는 말이며, 의학에서조차도 혈액에 대한 성분과 기능과 역할 정도를 이해하고 있을 뿐이다.

혈액의 성분은 혈장, 적혈구, 백혈구, 림프구, 혈소판으로 이루어져 있으며, 그 기능은 다양하다. 성분 하나 하나가 생명의 유지에 깊은 관련이 있다. 혈액의 성분이 움직이는 길이 바로 혈장이라는 것이며, 그 혈장의 94%가 물로 채워져 있다. 혈액의 핵심적인 역할은 모든 영양소를 조직과 세포로 이동하고 대사과정 중에 발생한 노폐물을 폐와 신장과 장관과 피부를 통해서 체외로 배출하고 병원균이 체내에 침투하면 포획하고 제거하고 기억하는 것이다. 세 가지 혈액의 기능들을 네트워크 시스템처럼 연결시키는 물질이 바로 '물' 이다.

물이 부족한 것을 '탈수' 라고 한다. 탈수는 혈액의 고유기능인 이동과 배설의 능력을 저하시키고, 이동과 배설의 능력이 저하되면 혈액 안에 산성의 노폐물이 증가하여 결국 면역기능의 이상이 오게 된다. 혈액의 환경에 문제를 일으키는 것이 바로 탈수이다.

본서는 혈액에 대한 기초를 서술하고 혈액의 환경을 악화시키는 탈수로부터 일어나는 각종 질환들, 그리고 탈수를 가속화시키는 요인들에 대하여 논할 것이다. 또한 혈액의 농도를 일정하게 유지하는 신장과 폐의 기능에 대해서 다루며, 마지막에는 폐의 기능을 적극적으로 방어하는 방법인 미세한 수분자를 이용한 공기질의 개선과 기능생리적인 음이온 공기에 대해서 논하였다. 각 장에 암시야현미경을 사용하여 혈액의 변화를 보여 주는 혈액사진들을 첨부하였으며, 너무 딱딱하지 않도록 몇 가지 삽화를 넣었다.

본서는 저자의 일본판 저서들을 한글판으로 정리하여 건강시리즈 1-콜로이드실버(배문사, 2005년), 건강시리즈 2-알고 마시는 물(배문사, 2006년), 건강시리즈 3-알칼리성 콜로이드 실버수(배문사, 2007년)에 이어 건강시리즈 4로 출판되는 것이다. 본서를 통하여 창조의 신비라고 할 수 있는 물과 공기에 대한 중요성을 깨닫는 계기가 되었으면 하는 조그만 바램이 있다.

뉴욕 와이스톤에서

주기환

# 차례

# 제1장
# 혈액과 물

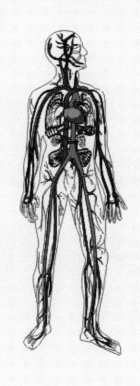

# 1. 혈액은 생명과 질병의 뿌리이다

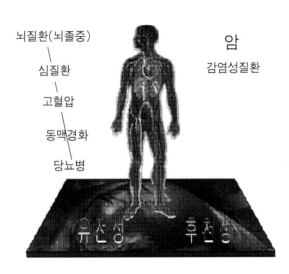

뇌질환(뇌졸중)

심질환

고혈압

동맥경화

당뇨병

암

감염성질환

[질병의 뿌리]

　현대사회에 있어서 사망의 3대원인이라고 한다면 뇌졸중, 심질환, 암이라고 할 수 있다. 최근 폐렴 등의 감염성질환에 의한 사망률도 점점 높아지고 있는 추세이다. 뇌졸중과 심질환의 뿌리를 파고들어가 보면 고혈압, 동맥경화, 당뇨병, 고지혈증 등이 있으며, 이러한 질병에 걸리면 생활의 질이 현저하게 저하되면서 정신적·경제적인 손실도 상당하다. 많은 의과학자들이 질병의 원인을 알아내기 위하여 연구를 하고 필요한 약을 개발하고 있다. 현대의학의 치료전선에서도 질병의 원인을 유전적인 요인과 후천적인 요인으로 구분하여 각종 치료법을 도입하고 있다. 그런데 질병을 치료한다는 각종 약들은 질병의 뿌리를 제거하는 데 도움이 되는 것은 거의 없으며, 질병으로부터 일어나는 합병증의 억제와 조절에 관련된 것이라고 할 수 있다. 예를 들면, 당뇨증상이 생겨서 고혈당이 되면 췌장을 치료하거나 혈당을 받아들이는 세포를 치료하는 약은 없으며, 단지 혈당을 조절하는 약과 인슐린만 존재할 뿐이다. 따라서 당뇨약을 먹고 인슐린주사를 맞아도 적절한 음식조절과 운동을 병행하지 않으면 안 된다는 것이 상식이다. 한 마디로 현대의학의 치료기법은 질병의 뿌리를 제거하는 데 관심을 두기보다는 합병증이나 더 이상 악화되지 않도록 증상을 억제하거나 조절하는 데 목적을 두고 있다.

일반적으로 현대의학의 질병론(치료론)은 철저하게 한 가지 원인이 한 가지 질병을 일으킨다는 '단행태성이론(monomorphism)'에 기초를 두고 있다. 이러한 단행태성이론에 의하여 수많은 치료제와 항생제와 항암제와 백신이 개발되어 왔다. 머리가 아프면 아스피린과 같은 소염진통제, 위산과다가 생기면 제산제, 고혈압이면 칼슘길항제 또는 혈중나트륨억제제, 부종이면 이뇨제, 고지혈증이면 항고지혈제, 박테리아에 감염되면 페니실린이나 마이신을 투여한다.

전부 한 가지 원인이 한 가지 질병을 일으킨다는 단행태성이론에 근거를 둔 것이다. 따라서 많은 사람들이 두통이 생기면 아스피린을 투여하면 그 성분이 아픈 머리에만 들어가고, 제산제를 투여하면 위에만 성분이 도달한다고 잘못 이해하고 있는 경우가 많다.

어떤 약의 성분도 '식도 → 위 → 십이지장'을 거치면서 혈관을 통하여 혈액으로 진입하여 몸 전체에 순환하고, 혈관이 연결된 모든 세포와 장기조직에 영향을 준다. 따라서 특정한 질병을 치료하기 위한 처방약들 가운데 부작용이 없는 것은 단 한 가지도 없다. 대부분의 약들은 정도의 차이는 있겠지만 전신에 순환하면서 신장과 간장과 세포를 손상시킨다. 인체는 약 60조 개의 세포로 이루어져 있고, 그 세포의 주위에 지구를 두 바퀴나 돌리고도 남는 혈관계와 림프계와 신경계가 거미줄처럼 퍼져 있는 통합적인 네트워크 시스템이다. 한 가지 원인으로 하나의 병이 일어난다고 단정하고서 부분적인 증상에 따라 각종 약을 투약하면 수많은 부작용이 일어나며, 이러한 부작용은 전부 혈액 안에서 시작된다.

또 하나의 질병론은 '다행태성이론(pleomorphism)'이라는 것이며, 혈액환경의 변화로 인하여 질병이 일어난다는 것이다. 한 가지 원인으로만 질병이 일어나는 것이 아니라, 혈액환경에 이상

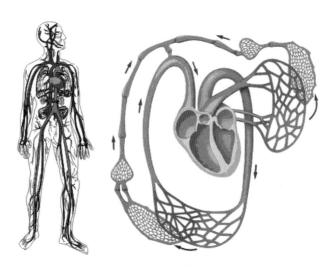

[혈관네트워크]

이 생겨서 복합적인 원인으로 질병이 시작된다는 질병론이다.

　모든 영양소와 산소는 반드시 혈액에 녹아 몸 안에서 순환한다. 인체에 맞는 영양소는 세포가 이용하지만 인체에 해로운 물질에 대해서 알러지(알레르기) 과민반응, 염증, 노폐물 축적(동맥경화, 결석), 심지어 암세포 등으로 반응하게 된다. 이러한 반응은 혈액에서 시작되는 것이다. 예를 들면, 몸에 치사적인 노폐물이 흐르게 되면 뇌세포와 심근세포에 심각한 손상을 주기 때문에, 노폐물을 피부 밖으로 배출시키는 과정에서 온몸에 발진이나 염증이 일어나게 된다. 암세포도 노폐물을 제대로 배출하지 못하기 때문에 생기는 증상의 일종이라고 할 수 있으며, 혈액이 심하게 오염되면 방어작용으로 혈관 안에서 종양을 만들어 가면서 혈액순환을 부분적으로 차단하는 일을 벌이는 것이다.

고혈압의 원인은 유전인자, 고식염식과 고지방식과 같은 식생활습관, 스트레스, 탈수 등이 거론된다. 고혈압은 정확한 원인을 알 수 없는 본태성이 대부분이며, 환자에게 이뇨제, 항고지혈제, 혈중나트륨억제제, 교감신경활동억제제, 칼슘길항제 등을 독립적으로, 또는 복합적으로 투여하여 일시적으로 혈압을 강하시킨다. 혈압약을 한 번 먹게 되면 평생 먹어야 한다는 말을 환자들이 듣게 된다. 그러나 고혈압의 원인 가운데 탈수, 고식염식, 고지방식, 흡연, 과도한 산성수와 산성식품의 섭취, 스트레스, 운동부족 등 혈압을 상승시키는 요인들을 제거하면 혈압이 정상적으로 조절되는 케이스가 너무나 많다. 약에 대한 효과를 부정할 수 없지만, 혈액 안에서 일어나는 수많은 약의 부작용도 부정할 수 없다.

모든 생명의 뿌리도 혈액 안에 있지만, 질병의 뿌리도 혈액 안에 있다. 따라서 혈액의 역할을 이해하고, 혈액의 환경을 개선해 나가면 질병의 뿌리를 걷어 낼 수 있을 것이다. 성경에서는 이미 혈액과 생명의 관계에 대해서 "육체의 생명은 혈액 안에 있다 (The life of the flesh is in the blood, KJV, 레위기 17:11)."라고 정의하고 있다. 생명의 뿌리와 질병의 뿌리가 혈액 안에 있다는 개념을 파고들어 가면 질병에 대한 이해와 예방과 치료에 대한 새로운 기초적인 원리를 이해할 수 있다. 혈액환경의 변화가 질병을 일으키는 원인이 된다는 다행태성이론을 주장하고 과학적으로 실증하였던 과학자가 독일의 엔드라인(Güther Enderlein, 1872~1968) 박사이다. 그는 혈액 안에 있는 특정한 물질로 불리어지는 프로팃(protit)이라는 물질이 혈액의 산성화로 인하여 특정한 변형사이클을 가지면서 박테리아나 곰팡이로 발전하여 각종 질환을 일으킨다는 것을 주장하였다. 생애 500여 편의 의과학 논문을 발표하였으며, 암시야현미경 진단법(darkfield micro-scope diagnostics)의 기초를 확립하기도 하였다.

[암시야현미경 진단법의 기초를 확립한 엔드라인 박사]

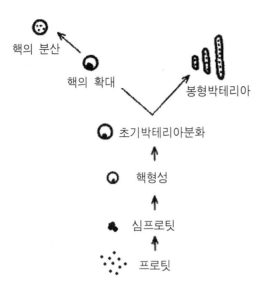

핵의 분산

핵의 확대

봉형박테리아

초기박테리아분화

핵형성

심프로팃

프로팃

[엔드라인 박사의 혈중박테리아 형성 모델]

엔드라인 박사는 암시야현미경을 사용하여, 혈액의 환경이 정상적일 때 무독성, 무병원성, 무운동성, 극소물질성의 프로팃이 혈액의 환경이 산성화, 지방화, 독성화로 악화되면 서로 연결되면서 심프로팃(symprotit)이라는 모양으로 뭉치며, 세포핵 형성 과정을 거쳐서 봉형박테리아 또는 구형의 병원성 박테리아로 바뀐다고 주장하였다. 현대의학적으로 해석한다면 프로팃은 DNA를 구성하는 단백질로 구성된 극소세포라고 할 수 있다. 혈액과 조직 속에는 프로팃이 무해한 상태로 존재하며 다양한 조절 메카니즘을 유지하다가 혈액환경의 악화에 의하여 극소세포가 유전자 변형이 일어나 박테리아와 결합하면서 급격한 증식이 일어나

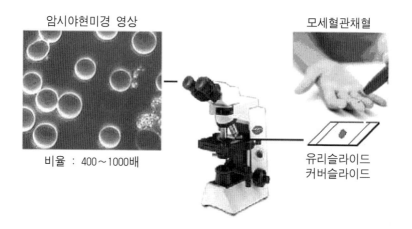

**[살아 있는 혈액을 관찰할 수 있는 암시야현미경 진단법]**

며, 이러한 박테리아 형태가 적혈구를 공격하거나 모든 세포내벽에 침착하거나 진입하여 각종 질환을 일으킨다는 것이다.

엔드라인 박사가 주장한 혈액환경의 변화에 따른 혈액성분의 형태학적인 관찰연구는 많은 논쟁을 불러 일으킬 수 있다. DNA 레벨에서 연구를 하고 있는 최신 현대의학에서 그의 주장은 유전학 또는 세포분자학적인 레벨에서는 인정을 유보하고 있지만, 혈액의 형태학적인 변화에 대한 관찰과 진단법에 대해서는 나름대로 인정을 하고 있다고 할 수 있다. 중요한 것은 손가락의 모세혈관을 통해서 채취한 극소량의 살아 있는 혈액 샘플을 가지고 암시야현미경을 통해서 형태학적인 변화를 쉽게 관찰할 수 있다는 사실이다. 지금 의학이나 생물학에 있어서 생체에 대한 관찰은 전자현미경이 주도하고 있다. 수십만 배 이상을 볼 수 있는 초고성능의 전자현미경은 죽은 물체를 아주 작게 슬라이스를 해서 볼 수 있지만, 암시야현미경처럼 살아 있는 혈액을 장시간 관찰할 수 있는 장치가 아니다. 암시야현미경은 혈액 샘플을 채취한 후 혈액의 변화상태를 적어도 연속으로 12시간 이상을 관찰할 수 있다는 장점을 가지고 있다. 암시야현미경을 사용하여 혈액을 관찰할 수 있는 장점을 열거하면 다음과 같다.

① 적혈구, 백혈구, 림프구, 혈소판의 형태적인 변화
② 혈액 속에 남아 있는 화학물질(요산, 항생제, 소염제 등)
③ 혈액의 산성화 및 독성화 상태
④ 혈액의 탈수상태와 알러지 원인인자
⑤ 혈액의 장시간 변화

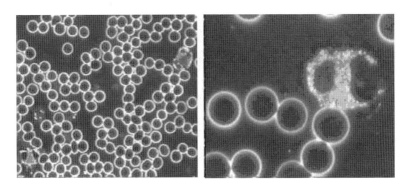

**[정상혈액의 패턴]**

암시야현미경으로 촬영한 정상혈액의 패턴은 적혈구, 백혈구, 림프구의 형태가 명확하며 형태의 손상이나 이상을 구별할 수 있다. 알려진 원인인자, 조직세포의 괴사물, 대사과정에 생긴 노폐물의 축적, 약의 잔존물, 탈수현상 등으로 혈액의 환경에 변화가 일어나는 것을 관찰할 수 있는 것이다. 가정에서 사용하는 혈압계, 온도계, 체중계, 혈당측정기, 병원에서 분석하는 혈액분석장치는 질병의 결과에 대한 정량적인 측정수단이지, 질병의 뿌리를 말해 주지 않는다.

암시야현미경으로 촬영한 혈액영상의 패턴을 보고서 정확한 병명을 알아 내는 것은 간단하지 않지만, 각 질병에 따른 혈액환경의 변화가 분명히 있다는 것을 관찰할 수 있다. 정상적인 혈액을 유리슬라이드와 커버슬라이드 사이에 넣어서 밀봉하면 적어도 12시간 동안 그 형태가 크게 바꾸어지지 않지만, 질환으로 인한 혈액은 많은 노폐물이 있고 시간의 경과와 함께 적혈구와 백혈구가 심한 손상을 입고 있는 것을 알 수 있다. 후술하겠지만 이러한 혈액상태를 가진 사람들이 혈액의 환경을 바꾸어 주기만 하면 질병에서 벗어나는 실제적인 임상례가 많다.

다음 쪽의 혈액 영상 패턴은 암시야현미경 장치로 촬영한 것이다. 질환별로 다양한 패턴을 보여 주고 있다.

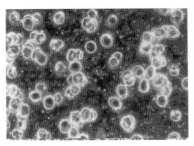
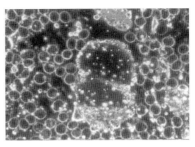

1937년생(남) 급성 기관지염          1941년생(여) 바이러스-세균감염,
                                                 신장염

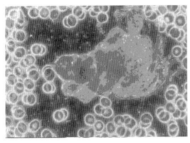
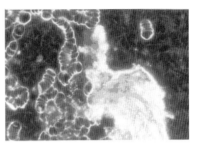

1956년생(남) 1991년 사망 에이즈          1937년생(여) 류마티스관절염
환자

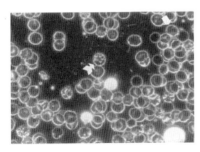
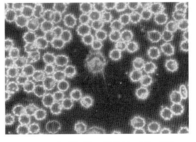

1933년생(남) 담당-간의 폐색, 치          1987년생(여) 피부염, 탈모증
질, 관절염

[*Introduction into darkfield diagnostics*, 1993. 참조]

# 2. 혈액의 성분

　인체의 혈액량은 체중의 약 13분의 1 정도이다. 체중이 52kg
이라면 혈액은 약 4리터(약 4,000cc)가 된다. 혈액의 성분은 적
혈구, 백혈구, 림프구, 혈소판, 혈장이며 뼈 안에 있는 골수(骨髓,
bone marrow)에서 만들어진다. 골수는 혈액의 공장이라고 할 수
있다. 골세포에는 줄기세포로 잘 알려진 간세포(幹細胞, stem
cell))가 있으며 분화되면서 각 혈액성분이 만들어진다. 혈액이
몸 전체를 순환하는 데는 45~50초가 걸린다. 골수에서 만들어진
간세포가 분화되어 아세포가 된다. 적혈구의 아세포는 적아구,
백혈구의 아세포는 골수아구, 단핵백혈구(마크로파지)는 단아구,
림프구는 림프아구, 혈소판의 아세포는 거핵세포가 된다.

　혈액의 각 성분은 형태, 수명, 역할이 서로 다르지만 혈액의 환
경이 건강할 때는 상호협력한다. 그러나 환경이 악화되면 성분에
따라 과도하게 증식하거나 급격하게 감소한다.

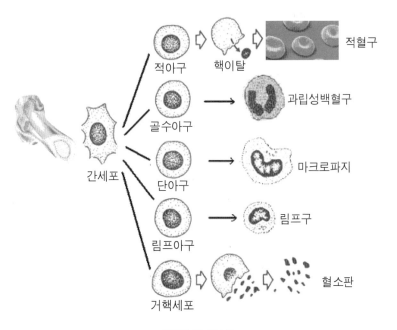

적혈구

핵이탈

적아구

과립성백혈구

골수아구

마크로파지

단아구

림프구

림프아구

혈소판

간세포

거핵세포

**[혈액의 형성]**

## (1) 적혈구(red blood cell, erythrocyte)

적혈구는 골수에서 매초 20,000개씩 생성된다. 적혈구의 수명은 120일 정도이며, 몸 전체 속에 약 25조 개 정도가 있다고 추정되고 있다. 적혈구의 지름은 $8\mu m$, 두께는 가장 두꺼운 부분이 $2\sim3\mu m$, 중심부위는 $1\mu m$이며, 모양은 오목한 쌍요면체로 구부려 좁은 모세혈관을 통과할 수 있다. 박테리아의 크기가 $0.4\sim1\mu m$, 바이러스가 $0.02\sim0.4\mu m$이라는 것을 고려한다면 적혈구의 사이즈는 상당히 크다고 할 수 있다. 남자는 혈액 $1mm^3(1\mu L)$ 당 약

500만 개, 여자는 450만 개의 적혈구를 가지고 있다. 적혈구는 매일 전체 혈액 가운데 0.8%가 파괴되며, 그 수량은 평균 200만 개 정도가 된다.

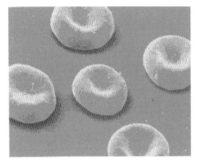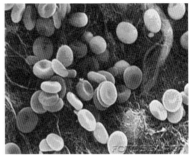

[적혈구의 모양과 패턴]

골수는 매일 파괴되는 적혈구 만큼 끊임없이 새로 만들기 때문에 전체 적혈구수는 변함이 없다. 적혈구 속에는 약 35%의 고농도 헤모글로빈(단백질)이 함유되어 있으며 헤모글로빈은 구성성분이 복잡한 네 개의 입체구조를 이루고 산소와 이산화탄소의 출입과 운반에 편리하도록 만들어져 있다. 1L의 혈액과 결합하는 산소의 양은 약 200mL이다. 적혈구 속에 있는 헤모글로빈은 산소를 품는 능력을 가지고 있으며 건조시킨 적혈구 중량의 95%를 차지한다. 적혈구는 산소를 에너지로 삼지 않고 포도당을 에너지 원으로 사용한다. 모든 장기와 조직과 세포는 산소를 필요로 하고 있으며, 폐를 통해서 적혈구가 산소를 이동해 주지 않으면 조직과 세포는 죽게 된다. 적혈구는 끊임없이 폐의 기관지 끝에 달려 있는 폐포에서 산소를 받아 모든 장기와 조직으로 산소를 운반해 주고 각 조직에서 발생하는 이산화탄소를 물과 함께 폐포를 통해서 방출하여야 혈액의 건강과 생명이 유지되는 것이다.

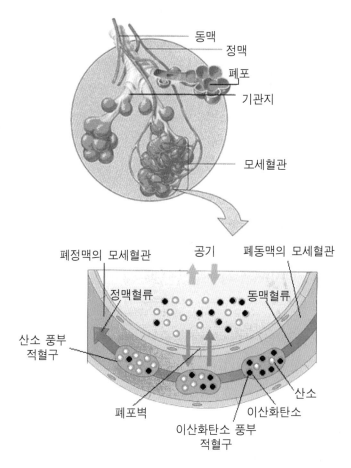

**[폐에서 산소를 집약하고 이산화탄소를 방출하는 적혈구]**

적혈구는 산소를 열심히 운반하지만 산소를 먹지 않는 세포이다. 만약 산소를 운반하는 적혈구가 산소를 먹어 버린다면 큰 일이 벌어진다. 적혈구는 산소를 필요로 하는 미토콘드리아를 가지고 있지 않는 특이한 세포이다. 적혈구가 제 기능을 발휘하기 위해서 철이온을 적절하게 공급받아야만(1일 1~2mg) 하고, 철이온이 하루에 20mg씩 사이클이 일어나야 골수 내의 적혈구 형성이 원활하게 일어난다. 열대지방의 말라리아병이 무서운 것은 혈액에 말라리아 바이러스가 침투하면 먼저 적혈구 세포막에 붙어 있다가 세포막을 뚫고서 적혈구 안으로 침투하여 적혈구를 파괴해 버린다. 파괴된 적혈구의 숫자가 많아지면 산소를 운반하는 적혈구의 능력이 급격히 떨어지게 되어, 각 세포와 조직과 장기는 기능부전이 일어나 사망에 이른다. 다른 박테리아나 바이러스들도 말라리아와 비슷한 형태로 증식하거나 적혈구를 오염시켜서 질병을 일으키게 되는 것이다.

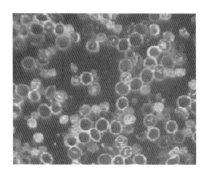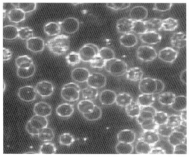

[만성간염환자(좌)와 알러지환자(우)의 적혈구]

앞쪽의 사진은 간경변과 만성간염환자의 혈액패턴과 만성 알러지환자의 혈액을 채취하여 암시야현미경으로 측정 한 시간 후에 관찰한 혈액사진이다. 혈중 바이러스와 박테리아와 알러지 원인인자가 적혈구를 손상시키고 있는 것을 관찰할 수 있다. 바이

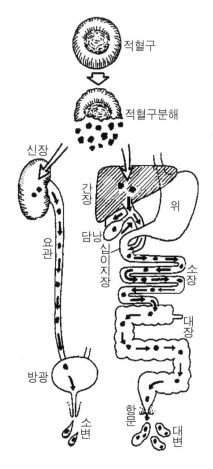

[적혈구의 배출경로]

러스는 독립적으로 증식하거나 활동하지 못한다. 반드시 박테리아 또는 정상세포에 기생하면서 증식하는 것이다. 기생할 수 있는 혈액환경이 되면 급속하게 증식하고, 기생할 수 없는 혈액환경이 되면 증식을 정지한다. 따라서 산소를 이동하는 적혈구는 혈액 안에 침투한 바이러스와 박테리아와 곰팡이의 공격대상이 된다고 할 수 있다.

적혈구는 수명이 다 되면 비장과 간장에 있는 마크로파지가 잡아 먹게 되며, 이러한 과정에 적혈구 안에 있는 철이온이 제거되면서 빌리루빈(bilirubin)이라는 노폐물로 신장과 소장을 통해서 배설된다. 간장으로 들어온 적혈구가 분해되어서 발생한 빌리루빈은 담낭에서 분비되는 담즙과 합쳐져 십이지장에 분비되는 소화물에 혼합된다. 분비된 빌리루빈은 소장 내에 있는 소화물을 노랗게 만들며 대장 내의 세균에 의하여 갈색의 우로빌린(uro-bilin)이라는 물질로 바뀌어진다. 우로빌린이라는 물질 때문에 대변이 갈색을 띠게 되는 것이다.

한편, 빌리루빈의 일부는 신장과 요관과 방광을 거쳐서 배출된다. 적혈구의 파괴과정에 생긴 빌리루빈의 심한 증가를 보이는 질환으로 급성간염, 원발성간암, 전이성간암, 담도암, 간경변, 신생아 황달, 용혈성황달 등을 들 수 있다. 적혈구수 자체가 적은 것을 빈혈이라고 하지만, 적혈구가 움직이는 혈장의 환경이 고식염식과 화학물질과 탈수로 인하여 악화되면, 적혈구는 자기 수명대로 살지 못하고, 파괴되어 산소운반과 이산화탄소 배출을 제대로 하지 못하면 빈혈증상이 생긴다.

## (2) 백혈구(white blood cell, leukocytes)

골수에서 만들어지는 백혈구는 혈액 1㎣당 6,000～8,000개이며 세포 내 작은 알갱이 모양을 가진 과립의 유무에 따라 과립성

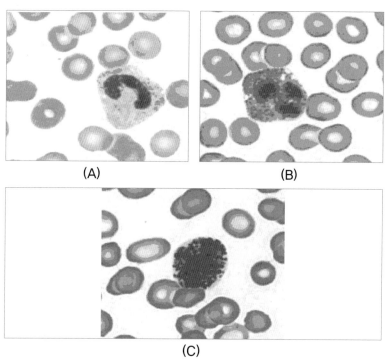

(A)

(B)

(C)

[호중성백혈구(A) , 호산성백혈구(B), 호염기성백혈구(C)]

백혈구(granulocyte)와 무과립성백혈구로 구분된다. 과립성백혈구는 지름이 9~15㎛이고 골수에서 생성되어 체내에 침입한 병원균이나 이물질을 처리하며, 호중성백혈구(neutrophils), 호산성백혈구(eosinophils), 호염기성백혈구(basophils)로 나누어진다.

호중성백혈구는 중성의 pH범위 내에서 염색되기 때문에 붙인 이름이며 백혈구 중 가장 많아 약 53%를 차지한다. 호중성백혈구 안에 있는 알갱이와 같은 과립은 리소좀(lysosome)이라는 용해소체와 가수분해효소인 프로테아제(protease)를 함유하고 있으며 병원균의 감염으로부터 혈액을 방어한다. 호중성백혈구는 이동능력과 식세포작용이 강하며 침입한 병원균을 아메바처럼 포획하여 잡아 먹기도 하고 활성산소를 뿜어서 병원균을 죽이기도 한다. 호중성백혈구가 1,000개/㎣ 이하로 감소하게 되면 병균에 감염되기 쉽고, 500개/㎣ 이하로 되면 폐렴이나 패혈증 등 위독한 감염증에 걸려 고열이 나게 되며, 만약 해열제를 투여하면 호중성백혈구가 급격히 감소하는 경우가 있다. 염증이 생기면 골수로부터의 호중성백혈구 공급이 증가해서 말초혈액 중의 호중성백혈구는 증가하며 심한 감염증으로 5만 개/㎣까지 증가한다.

호산성백혈구는 산성의 pH범위 내에서 염색되기 때문에 붙인 이름이며 이동능력은 호중성백혈구보다 약하지만 혈관 밖으로 이동하여 염증부위에 모여 세포의 붕괴산물을 발산한다. 호산성백혈구수는 계절적으로 변동해서 여름에는 적어지고 겨울에는 많아지는 경향이 있다. 하루 중에도 변동이 있어서 밤에는 많고 낮에는 적다. 호산성백혈구가 비정상적으로 늘어난 상태를 호산성백혈구증가증이라고 하며, 두드러기나 천식 등 알러지성질환, 교원병(膠原病), 기생충침입 등에서 나타난다. 스트레스를 강하게 받는 경우와 부신피질호르몬의 투여 후 혈액 중의 호산성백혈구는 급격히 감소한다.

호염기성백혈구는 염색을 하였을 때 알칼리성의 pH범위 내에서 염색되기 때문에 붙인 이름이며, 과립성백혈구들 중 가장 수가 적고, 0~150개/㎣ 존재한다. 알러지 상태나 골수성백혈병에서는 수가 급격히 증가한다. 혈액영상을 보았을 때 가장 흔하게 눈에 보이는 과립성백혈구가 바로 호중성백혈구이며 가장 눈에 띠지 않는 것이 호염기성백혈구라는 사실을 기억해 두면 좋을 것이다. 만약 호염기성백혈구가 급격히 증가한 현상을 보인다면 알러지나 골수성백혈병이 있음을 시사해 주고 있는 것이다.

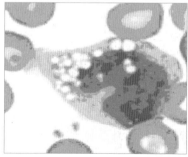 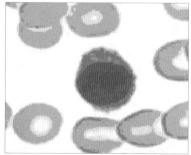

[단핵백혈구(마크로파지)와 림프구]

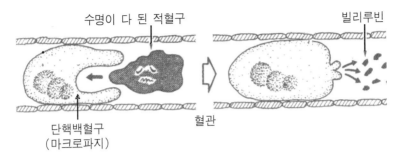

수명이 다 된 적혈구

빌리루빈

단핵백혈구
(마크로파지)

혈관

[적혈구를 처리하는 마크로파지]

　백혈구 중에서 과립을 가지고 있지 않는 무과립성백혈구는 단
핵백혈구(monocyte)와 림프구(lymphocyte)로 나누어진다. 단핵
백혈구는 마크로파지(Macrophage, 대식세포)라고 하며, 백혈구
중 가장 커서 지름은 14~20 $\mu$m이고, 1mm³ 혈액 중에 200~900개
정도 있다. 단핵백혈구는 골수에서 생산되고 독특한 운동성을 가
지며 식세포작용도 아주 강하고, 골수나 비장 안에 있는 혈관에
모여서 병원균(세균, 바이러스)과 이물질을 포획하여 처리하거
나 수명이 다 된 적혈구를 분해하여 빌리루빈으로 바꾸어 버린
다. 탈수, 고식염, 산성화 화학물질로 혈장이 오염되어 수명이 짧
아져 버린 적혈구를 단핵백혈구와 호중성백혈구가 지나치게 많
이 처리해 버리면 류마티즘과 같은 자기면역질환에 걸릴 수 있
다.

## (3) 림프구(lymphocyte)

림프구는 혈액 1㎣ 중에 1,500~4,000개 있고 전체 백혈구의 약 30%를 차지한다. 대, 중, 소의 크기가 있으며 골수와 림프선과 지라(비장)에서 생산된다. 림프구는 항체를 생산하며 면역에 깊이 관여한다. 또 백혈구에 의한 대표적인 병으로 백혈병이 있으며 이것은 백혈구가 무질서하게 증식하는 병이다. 림프구의 역할을 보면 병원균(박테리아, 바이러스)이 혈관 내에 들어가

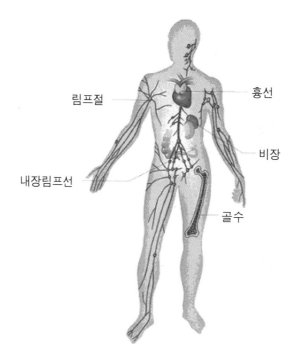

[림프구의 생산장소]

면 T림프구의 지시를 받은 B림프구는 항체를 뿜어 내고서 병원균을 포획한다. 그리고 호중성백혈구가 항체에게 접근하여 병원균을 먹어서 처리하는 식세포작용을 한다. 만약 똑같은 병원균이 침입하면 B림프구는 다시 항체를 뿜어 내며 호중성백혈구가 병원균을 잡아 먹고서 처리한다. 이러한 것을 면역반응이라고 한다.

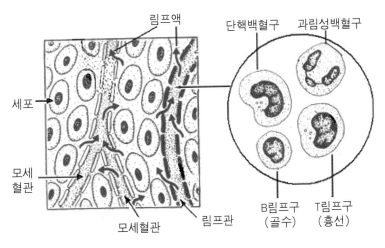

[T림프구와 B림프구와 림프액]

림프구는 림프관과 혈액 속에서는 구형이지만 조직 속에서는 부정형으로서 완만한 아메바운동을 한다. 림프관에 있는 림프액은 세포외액, 세포내액, 모세혈관과 림프관을 자유롭게 출입한다. 림프구는 소림프구와 대림프구로 나누며 골수 내에서 조혈간세포로부터 만들어져 림프아구가 되고 성숙하여 림프구로 일부는

흉선을 통해서 T림프구가 만들어진다. 림프구의 구성비를 보면 T림프구가 75%, B림프구가 25% 존재한다. 제3의 림파구를 눌세포(null cell, natural killer cell) 또는 NK세포라고 하며 면역학적으로 유약림프구라고 불리기도 한다. B림프구는 필요에 따라 형질세포 등의 분비세포로 변화해서 면역글로불린(항체글로불린)을 분비하여 침입하는 항원에 대항한다(체액성면역). T림프구는 투베르쿨린반응과 같은 지연형 알러지반응, 이식면역, 목표가 되는 세포를 공격하는 작용을 하며 동시에 B림프구의 조절기능도 갖는다(세포성면역). 예를 들면, 폐를 통해서 감기바이러스가 침입하면 가장 먼저 T림프구가 바이러스를 항원으로 인식하고서 곧바로 B림프구가 지시하여 항체를 만들도록 한다. 항체를

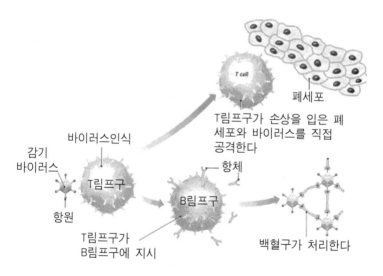

[바이러스를 처리하는 T림프구와 B림프구의 협력작용]

만든 B림프구가 바이러스를 그물처럼 얽어매면 호중성백혈구는 식세포활동으로 처리한다. 동시에 T림프구는 손상한 폐세포와 바이러스를 직접 공격하기도 한다.

## (4) 혈소판(blood platelet, thrombocyte)

혈소판은 골수에서 만들어지는 거핵세포의 세포질로부터 매일 약 2,000개가 생성되며 약 10일 동안 혈액에서 순환한 다음 없어진다. 전체 혈소판의 1/3은 비장에 위치하며 비장의 크기가 비정상적으로 증가한 경우에 전체 혈소판의 약 90%까지 모여 있을 수 있다. 혈소판의 지름은 약 1~2.5$\mu$m이다. 혈소판은 혈관의 손상에 의해 피부나 점막 등에 출혈이 생겼을 경우 가장 우선적으로 활성화되어 혈관벽에 달라붙어 출혈을 멈추게 하는 1차 지혈과정에 중요한 역할을 한다. 뒤쪽 그림과 같이 혈관이 파혈되면 혈소판이 모여들기 시작한다.

혈소판이 모이기 시작하여 혈전을 만들기 시작하면 피브린(단백질)이 내피세포로 이루어진 혈관내벽을 형성하면서 지혈된다. 구체적으로 혈액의 응고과정을 보면, 혈장은 프로트롬빈과 피브리노겐을 가지고 있으며 혈소판으로부터 혈액응고인자가 나와 트롬보플라스틴(트롬보키나아제)이라는 효소가 합성된다. 트롬보키나아제는 혈장 속의 칼슘이온($Ca^{2+}$)과 함께 작용하여 혈장속의 프로트롬빈을 트롬빈으로 활성화시킨다. 트롬빈은 혈장 단백질의 피브리노겐을 피브린으로 만들며 이 피브린이 혈구들을 얽어 매어 혈병(blood clot)을 만들면서 혈액의 출혈을 막는 것이다. 따라서 혈관에 상처를 입었을 때 혈소판, 혈장, 칼슘, 적혈구, 백혈구의 공동작용으로 출혈을 막아 준다. 지혈이 되지 않는 병

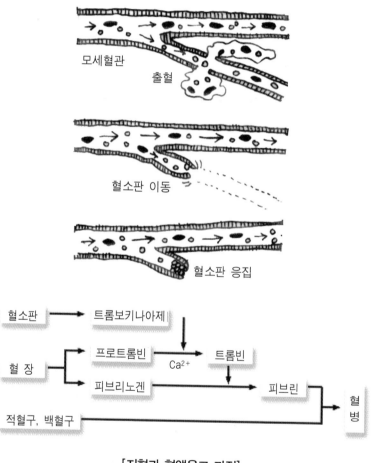

[지혈과 혈액응고 과정]

이 바로 괴혈병이나 혈우병이다. 괴혈병은 콜라겐(단백질)이나 비타민 C와 칼슘을 보충하면 치료된다. 일반적으로 혈액응고에는 15종류 정도의 원인물질이 동원되며 그 중에서 몇 가지가 약의 부작용으로 결핍이 일어나면 지혈작용이 지연되는 일이 있다.

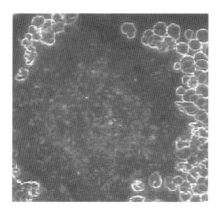

[혈소판과다증가]

혈관 내에 있는 혈소판은 지나치게 많아도 지나치게 적어도 문제이다. 알려지 때문에 지나친 약의 복용이나 산성 노폐물의 증가로 인하여 혈관내벽에 염증이 생기게 되면 혈소판이 과다하게 증가하여 심한 혈전현상이 일어나 혈액순환을 방해한다. 이러한 혈전현상은 산소공급부족을 일으켜 심질환이나 뇌질환의 원인이 되기도 한다.

한편, 골수에서 혈소판을 생성하는 속도가 느린 경우, 즉 재생 불량성 빈혈(혈소판, 백혈구 수치도 매우 낮다.), 종양세포가 골수를 침범한 경우 또는 약에 의하여 골수가 억압되어 있는 경우 혈소판 수치가 감소될 수 있다. 혈소판이 감소되면 코와 입안에 작은 출혈이 나타나게 되며 출혈이 잘 멈추지 않고, 코피가 잘 나고 온몸에 멍이 잘 들기도 한다. 정상인의 혈소판은 1㎣당 15만~40만 개 정도가 보통이며 10만 개 이하로 떨어지면 혈소판감소증이라 한다. 대개 5만 개만 유지해서 출혈증상이 없으나 2만 개 이하인 경우는 항상 출혈의 위험성을 가지고 있으며 내출혈이나 뇌출혈이 일어날 경우 지혈이 쉽지 않아 치명적일 수 있다.

## (5) 혈장(blood plasma)

혈액에서 적혈구, 백혈구, 혈소판을 제외하고 남은 성분을 혈장이라고 하며 94%가 수분이고 나머지는 각종 영양소와 대사성 노폐물이 녹아 있다. 혈장은 적혈구와 함께 영양소의 이동과 노폐물의 배출을 수행하는 것이다.

혈장을 이야기할 때 항상 혼동되는 것이 '혈청(blood serum)'이라는 단어이다. 혈액을 시험관에 넣고서 실온에 방치해 두면 혈구(백혈구, 적혈구 등)성분이 응고한다. 응고하였던 혈액을 원심분리를 시켜서 조금 놓아 두면 상층부에서 담황색의 액체가 고

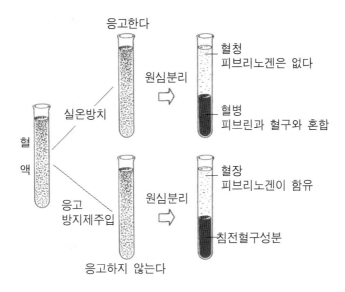

응고한다

원심분리

혈청
피브리노겐은 없다

혈병
피브린과 혈구와 혼합

실온방치

혈액

응고
방지제주입

원심분리

혈장
피브리노겐이 함유

침전혈구성분

응고하지 않는다

**[혈장과 혈청]**

이것이 바로 혈청이다. 이와 같이 분리되는 혈청 안에 있는 항체가 혈청요법으로 사용된다. 채취한 혈액이 응고하지 않도록 응고방지제를 넣어서 원심분리기로 처리하여 위에 노랗게 뜨는 액체가 바로 혈장이다. 혈장과 혈청의 차이는 혈장에는 피브리노겐(fibrinogen)이 함유되어 있지만 혈청에는 피브리노겐이 없다. 피브린(fibrin)과 혈구가 혼합하여 침전한 것이 바로 '혈전'이다.

암시야현미경으로 혈액을 관찰할 때, 혈장의 환경변화가 중요한 진단 수법으로 사용된다. 혈장 안에 있는 단백질, 혈당, 지질, 화학물질, 노폐물이 어떤 형태로 잔존하고 있는가를 관찰할 수 있다.

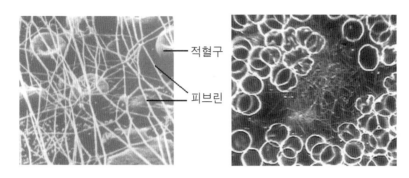

[적혈구와 피브린]

피브리노겐을 함유한 혈장의 성분을 보면 94%는 수분이며 나머지는 단백질〔알부민(albumin), 글로불린(globulin)〕, 당질(포도당), 미네랄, 호르몬, 항체로 이루어져 있다. 혈장은 물과 함께 영양소를 용해하여 각 조직에 운반하거나 노폐물을 배설하는 역할을 한다. 몸의 중심부에 발생한 열을 흡수하여 몸의 표면에 방사하여 체온을 조절하는 역할도 한다. 혈장의 역할은 물의 역할이며 탈수가 있게 되면 적혈구가 심하게 엉키게 된다. 혈장탈수는 고혈압, 당뇨병, 고지혈증과 동맥경화를 가진 환자들에게 많이 나타나는 패턴이며, 방치하면 혈액순환의 불량과 산소공급부족으로 인하여 심질환과 뇌졸중이 일어날 가능성이 있다.

혈장의 환경은 질병의 발생과 중요한 관계가 있다. 혈장이 항상 pH 7.4 라는 약알칼리성을 유지하도록 산-알칼리 평형조절 시스템이 체내에서 작동하고 있다.

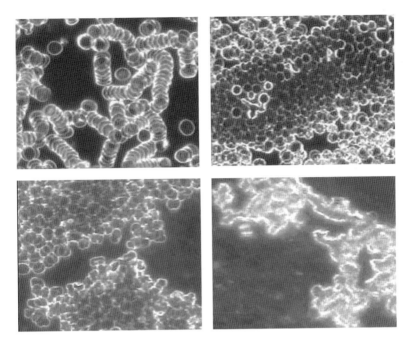

[혈장탈수로 인한 적혈구의 엉킴현상]

혈장의 점성에 높아지고, 산성이 되며, 탈수현상이 일어나면, 질병이 시작된다고 이해를 하면 될 것이다.

혈액건강을 유지하는 데 절대적인 조건인 혈장의 건강도를 좌우하는 것이 94%를 차지하는 물이다. 혈장농도와 자연에 존재하는 오염되지 않은 미네랄 워터의 농도는 동일한 약알칼리성이다.

암시야혈액사진에 나와 있는 것과 같이 혈장탈수가 일어나면 적혈구가 엉켜 버리고 혈액순환의 불량이 일어난다.

# 3. 혈관계 안에서 움직이는 혈액

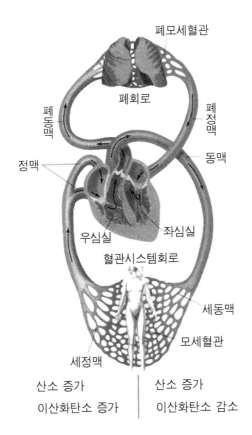

폐모세혈관

폐회로

폐동맥

폐정맥

동맥

정맥

우심실

좌심실

혈관시스템회로

세동맥

모세혈관

세정맥

산소 증가
이산화탄소 증가

산소 증가
이산화탄소 감소

[혈관시스템회로]

혈액의 성분에 대한 구조와 기능과 역할에 대하여 언급하였지만, 이것을 좀더 전체적인 혈관계 안에서 행하여지는 역할을 정리해 볼 필요가 있다. 혈액은 폐와 장관에서 흡수한 산소와 물과 영양소를 각 세포로 이동하고 각 조직과 세포에서 발생한 이산화탄소를 비롯한 노폐물과 물을 배출하며 병균에 대한 면역(포획, 기억, 제거)이라는 세 가지 기능을 가지고 있다.

## (1) 혈액은 영양소를 이동한다

생명유지에 필요한 에너지 영양소는 탄수화물, 단백질, 지방이다. 이러한 영양소가 혈액 안으로 잘 흡수하고 이동할 수 있도록 하는 조절영양소가 물과 비타민과 미네랄이며 폐의 혈액을 통해서 산소를 공급한다. 모든 영양소는 반드시 폐와 장관을 통해서 혈액에 용해되어서 조직세포에 이동한다. 영양소를 혈액 안으로 흡수시키는 데 가장 중요한 큰 역할을 하는 것이 바로 '혈장'과 '적혈구'이다. 혈장의 94%, 적혈구의 65~70%가 물이라는 점을 생각할 볼 때 혈액의 이동성은 물에 의하여 좌우된다.

## (2) 혈액은 노폐물을 배설한다

생명유지에 필요한 영양소는 대사활동을 통하여 에너지, 이산화탄소, 젖산, 암모니아, 질소, 단백질, 요산, 요소, 파괴된 혈구 등 각종 노폐물을 발생하게 되며 혈액이라는 경로를 통해서 소변, 대변, 호흡, 땀 등으로 배설된다. 폐는 매일 1리터 정도의 수분과 이산화탄소를 배출하고 신장은 전체 혈액량을 40회씩이나 통과시키면서 혈액 속에 들어 있는 불순물을 수분과 함께 하루에 적어도 1.5리터 정도의 소변으로 배출한다. 파괴된 적혈구의 노폐물은 담관과 장관을 통해서 배출한다.

## (3) 혈액은 면역기능을 가진다

공기, 물, 음식, 접촉물을 통하여 수많은 병원균(박테리아, 바이러스, 곰팡이, 알레르겐) 들이 혈액 내에 침투한다. 이러한 병원균을 포획하거나 단핵백혈구(마크로파지)나 백혈구(호산구, 호중구, 호염기구)와 림프구가 직접 공격하여 제거하고 또한 기억하는 면역의 기능이 혈액 안에서 벌어진다. 이러한 면역기능이 제대로 발휘되지 못하면 알러지과민반응, 감염성질환, 암세포의 증식이 일어나는 것이다. 알러지 원인인자가 혈액에 침투하면 혈액 내에 있는 T림프구가 B림프구에게 명령을 하여 항체를 만들어서 알러지 원인인자를 포획하게 된다. 동시에 마스트세포에서 알러지 원인인자를 배출하기 위하여 히스타민을 방출한다. 과민반응으로 비염, 기침, 재채기, 가려움증 등이 나타난다. 면역기능의 저하로 인하여 일어나는 부작용이 알러지 과민반응이다. 혈액안에 있는 백혈구, 림프구 등이 주어진 역할면역기능만을 잘 수

행하게 된다면 어떤 병원균이나 암세포가 있어도 그것이 질병으로는 발전하지 않게 된다는 것이다.

혈액의 전체적인 역할을 요약하면 다음과 같다.
- 인체의 모든 조직에 산소를 운반한다(적혈구).
- 세포에 영양소와 호르몬을 운반하고 노폐물을 이동시킨다(혈장).
- 수분과 염분과 칼슘과 인 등의 미네랄을 조절한다(혈장).
- 세균, 바이러스 등을 공격하여 몸을 보호한다(백혈구와 림프구).
- 상처로 인한 출혈을 멈추게 한다(혈소판).
- 체온을 조절한다(혈장).

혈액의 전체적인 역할을 종합해 보면 생명도 질병도 혈액 안에 있다는 것을 알 수 있다. 혈액에 수분이 부족하여 영양소를 잘 이동하지 못하고, 대사과정에 생긴 노폐물을 원활하게 배출하지 못하면 혈액은 산성화 노폐물이 증가하게 된다. 영양소를 잘 이동하지 못하면 단백질, 호르몬, 항체형성을 잘 하지 못하고 노폐물을 배출시키지 않게 되면 혈액은 산성화와 독성화가되어 각종 질환이 발병한다. 이러한 이동과 배설의 기능이 약화되면 혈액 안의 백혈구와 림프구는 노폐물을 병균으로 오인식하면 치사적인 병균이 침투할 때 제대로 싸워 보지도 못하고 드러눕게 되는 것이다. 아래 혈액사진은 암시야현미경으로 촬영한 것으로 혈액의 기능에 이상을 가진 패턴들이다. 단백질의 과다섭취에 의한 요산 치의 증가, 항생제의 투여로 인한 혈액 내 항생제 잔유물, 조직세 포의 괴사물, 화학적인 잔유물은 장관을 거쳐 간을 통과하여 혈 액에 순환되면서 노폐물도 혈중에 돌아다니고 있는 것이다.

영양소의 이동과 노폐물의 배설에 가장 큰 영향을 주는 물질이 바로 물이다. 혈액의 건강은 혈장의 건강이며 물과 관련이 있다.

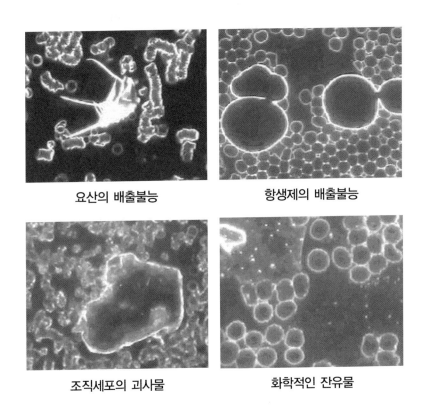

요산의 배출불능

항생제의 배출불능

조직세포의 괴사물

화학적인 잔유물

[혈액기능이상의 패턴]

현대의학의 모든 치료기법은 혈액(혈장)의 약 94%를 차지하는 물에 관심을 보이기보다는 나머지 6%의 물질대사에 집중하고 있다. 예를 들면, 혈당이 높아지면 당뇨병이라고 진단하고서 어떻게 하면 혈당을 분해할 것인가에 대한 약을 투여한다. 지방성분이 높아지면 고지혈증이라고 진단하고서 콜레스테롤의 분해대사를 조절하는 항고지혈제를 투여한다. 따라서 당뇨증상이나 고지혈증의 원인이 되는 뿌리에 대해서는 전혀 조치를 취하지 않는 경우가 많다.

현대의학의 어떤 처방약도 부작용이 존재한다. 지상에는 부작용이 존재하지 않는 처방약은 단 한 가지도 없다. 그 모든 부작용은 전부 혈액을 통해서 일어난다. 한 가지 병을 고치기 위해서 한 가지 약을 복용하면 또 다른 장소에 부작용이 따른다는 것이다. 예를 들면, 통증치료제인 소염진통제나 열을 조절하는 해열제를 장복하면 위장과 신장과 간장이 손상을 입는다. 문제는 손상을 입히는 정도가 아니고 화학적인 노폐물의 형태로 체내에 머물게 된다. 이러한 노폐물을 체외로 배출하는 데 가장 강력한 활동을 하는 것이 바로 물이다. 물이 이 모든 배출작용을 하는 것이다. 혈액은 물을 통해서 혈액의 기능과 역할을 유지하고 있는 것이다. 섭취한 음식을 혈액 안으로 이동시키기 위하여 10리터의 물이 움직이며, 신장의 경우에는 180리터의 물이 움직인다.

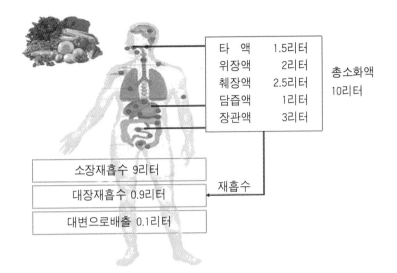

| 타 액 | 1.5리터 | |
|---|---|---|
| 위장액 | 2리터 | |
| 췌장액 | 2.5리터 | 총소화액 |
| 담즙액 | 1리터 | 10리터 |
| 장관액 | 3리터 | |

소장재흡수 9리터

대장재흡수 0.9리터     재흡수

대변으로배출 0.1리터

**[소화액의 분비와 재흡수]**

일반 성인을 기준으로 하여 24시간 동안 체액선을 통해서 흘러나오는 소화액의 총량을 보면 10리터 정도이다. 타액에서 1.5리터, 위장액으로 2리터, 췌장액으로 2.5리터, 담즙액으로 1리터 등 총 10리터가 흘러나와서 소화를 시키는 과정에 소장에서 9리터 재흡수, 대장에서 0.9리터 재흡수가 일어나는 것이다. 한편, 전신에 있는 60조 개의 세포들이 활동한 후에 혈액에 노폐물을 만들게 되는데, 혈액은 폐와 신장과 피부와 장관을 통해서 매일 2~2.5리터의 수분을 밖으로 배출시키는 것이다. 체내에 있는 대사물질, 즉 노폐물을 물이 품고서 체외로 끊임없이 배출시켜야 혈액의 건강이 유지된다. 체온을 조절하기 위하여 발생한 땀과 노폐물을 품고서 나간 수분량을 채워 주기 위하여 하루에 2∼2.5 리터 정도의 물을 확보해 주어야 한다는 것이다. 이 정도의 수분량을 매일 채워 주지 않으면 탈수가 일어나면서 혈액의 배출기능은 저하되고 혈액은 산성화되며, 산성노폐물은 축적되어서 혈관에 침착하거나 면역기능의 저하가 일어난다.

성인은 체중의 70%가 물이다. 어린아이는 최고 85%가 물이며 노인은 55%까지 수분비율이 떨어진다. 우리가 섭취한 영양분을 소화시키고 혈액 안으로 영양소를 이동하는 과정에 약 10리터의 물이 움직인다는 것은 혈액의 중요성을 이해하는 키 포인트이다. 몸 안에 있는 물은 세포내액(intracellular fluid)과 세포외액(extracellular fluid)과 세포간액(interstitial fluid)으로 분포하고

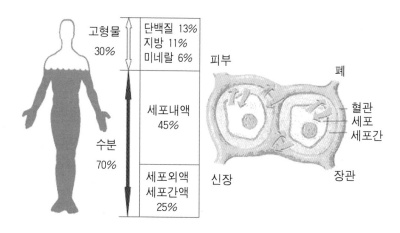

[체내 수분의 분포]

있다. 체중의 70%가 물이면, 60조 개의 세포들이 세포내액이 45%, 세포외액(혈장)과 세포간액이 25%로 구성되어 있는 물주머니 덩어리로 구성되어 있는 것이 인체이다.

인체 내에 있는 심혈관계, 호흡계, 신경계, 배설계, 면역계, 내분비계 등을 연결시키고 채워 주는 것이 바로 물이다. 면역계인 림프관 안에 있는 림프구는 세포간액을 통해서 혈액 안으로 이동한다. 신경세포는 수분의 적절한 유지가 없이는 신경전달물질을 이동시킬 수 없다. 물의 역할을 열거해 보면 다음과 같다.

① 체내의 모든 공간을 채우며 모든 세포와 조직을 연결한다
② 세포의 형태를 유지하고 혈구를 수송하며 대사작용을 유지한다.
③ 혈액과 조직액의 순환을 유지한다.
④ 섭취한 모든 영양소를 용해, 흡수, 운반해서 각 세포에 공급한다.
⑤ 체내의 독성물질과 산성노폐물을 체외로 배설한다.
⑥ 혈액의 산-알칼리평형을 조절한다
⑦ 체온을 조절한다
⑧ 단백질(아미노산, 효소, 호르몬, 항체)를 품고 있으며, 유전자 DNA의 손상을 방지하고 회복한다
⑨ 폐 속에 산소를 집약하고 적혈구가 산소를 품을 수 있는 능력을 증가시킨다

⑩ 척추디스크나 관절에서 충격을 흡수하는 완충제와 윤활유로서 활동한다.

⑪ 뇌의 활동기능에서 전기적인 에너지를 활성화한다

⑫ 세로토닌과 멜라토닌과 같은 호르몬의 생산에 관련하면서 수면 리듬을 회복한다.

⑬ 피부의 노화를 방지하고 눈을 맑게 한다.

⑭ 골수 내의 혈액생산 시스템을 정상화시켜 각종 감염과 암세포에 대항할 수 있는 면역 시스템의 효능을 높인다.


인체는 물의 공급이 없이는 생명유지가 불가능하다. 인체의 모든 세포 안과 밖은 물로 가득 차 있는 미세한 물주머니가 서로 연결되어 있다. 인간의 세포는 태아기에서 20대 초까지 세포분열을 계속 일으키면서 증가한다, 태아가 형성되기 시작하면서부터 약 10개월 동안 살아가는 곳이 바로 양수이다. 태아는 물 속에서 10개월을 살다가 세상으로 나오기 때문에 친수성을 가지고 있다. 각 장기와 조직은 동일한 수분함유량을 가진 것이 아니며, 조금씩 차이가 있다. 뇌척수액은 99%, 혈장은 94%, 뇌회백질(뇌조직)은 85%, 간장은 70%가 수분으로 되어 있다. 체내의 수분의 분포를 보더라도 물이 차지하는 위치가 얼마나 중요한 것인가를 알 수 있다. 수분이 조금이라도 부족하면 직접적인 영향을 받는 것이 바로 뇌세포이다. 피부세포, 장기세포는 재생하지만, 뇌세포는 재생이 되지 않는다고 알려져 있다. 고식염식에 의한 탈수와 화학적 물질에 의한 피부, 장기, 혈액세포의 손상은 회복이 가능하지만, 영구세포인 뇌세포의 손상은 회복이 가능하지 않다. 따라서 혈액에 이상이 있다는 것은 전신세포에 이상이 있다는 것을 의미하며 특히 혈액의 농도를 유지하고 세포를 유지하는 채액 대사에 이상이 생기면 혈관조직과 순환기조직과 뇌조직과 소화기조직과 신경조직 등에 직접적인 영향을 미친다.

# 4. 혈액의 수분량 조절과 탈수

　모든 인간의 생명은 어머니의 양수라는 물 속에서 자라다가 태어난 후 60조 개의 물주머니를 차고서 일평생 살게 되어 있다. 혈액 속으로 각종 영양소를 흡수하기 위해서 물의 도움이 필요하다. 섭취한 각종 영양소는 타액, 위장액, 담즙액, 췌장액, 장관액

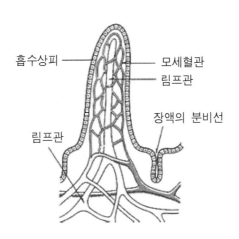

[소장의 융털과 폐의 기관지 구조]

의 도움으로 소화되어서 소장에서 물과 함께 재흡수가 일어난다. 이러한 소화액은 물과 분해효소로 이루어져 있는데 소화는 분해효소가 하지만 용해와 이동은 물이 하는 것이다. 영양소를 용해하여 품고 있는 물이 소장의 흡수상피와 모세혈관을 통해서 혈액 안으로 들어간다.

하루에 음식을 통해서 1.2리터, 마시는 물을 통해서 1리터 등 평균 2.2리터 정도의 수분을 섭취한다고 하면(성인기준), 소변으로 1.5리터, 내쉬는 숨으로 1리터, 땀으로 0.1리터, 대변으로 0.1리터, 총 2.7리터의 물이 밖으로 빠져나간다. 심한 운동과 더운

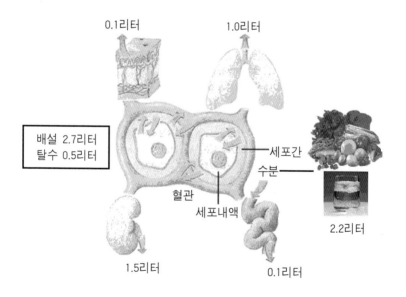

0.1리터

1.0리터

배설 2.7리터
탈수 0.5리터

세포간
수분

혈관
세포내액

2.2리터

1.5리터

0.1리터

날씨와 짠음식의 섭취, 감기 등의 발열성질환이 있는 경우에는 훨씬 많은 수분량이 체외로 배설된다. 섭취하는 수분량이 2.2리터이고 배설하는 수분량이 2.7리터라고 한다면 결국 하루에 0.5리터(500cc)에 해당하는 탈수가 일어나는 셈이다.

인체는 자체적으로 물을 공급할 수 있는 능력이 없으며 반드시 외부에서 섭취해 주어야 한다. 그렇다면 어디에서 수분을 확보하여야 하는가에 대한 질문이 생긴다. 탈수가 시작되면 수분이 더 이상 밖으로 빠져나가지 못하도록 소변량을 줄이기 위하여 뇌의 시상하부는 항이뇨호르몬을 분비시켜 소변량을 줄인다. 그리고 심하면 대변으로 나가는 수분량도 조절하여 변비가 일어나게 된다. 탈수가 되면 1차적으로 혈액의 기능인 이동력과 배출력이 약화되는 일이 벌어진다. 또한 체내에 화학물질이 축적되거나 병원균(박테리아, 바이러스, 곰팡이)이 증식하거나 또는 식염 등이 과도하게 혈액 안으로 들어가게 되면, 생명유지를 위해서 많은 물이 들어 있는 세포내액이 세포 밖으로 쏟아져 나가게 되는 것이다. 세포내액이 밖으로 쏟아져 나가 배출되지 않고 있는 것이 바로 '부종(edema)'이며, 부종으로 인하여 혈압이 상승하게 된다. 섭취한 영양소를 흡수하기 위하여 대량의 물이 필요하고, 그 물을 확보하는 과정에 탈수가 일어나면 배설량이 줄어들며 혈액의 산성화와 노폐물 축적이 가속화된다.

매일 충분한 물을 마시는 것은 단순히 변비를 개선하거나 소화를 잘 되게 하는 정도가 아니다. 소화를 위해서 절대량인 10리터의 수분이 필요하고 그러한 과정에 2.5리터 이상의 수분이 체외로 배설되고 있으며, 그것을 채워 주기 위해서 수분공급이 필요하다는 것이다. 수분공급이 되지 않으면, 탈수가 일어나 소화액의 분비가 충분하게 되지 않고, 영양소도 흡수가 잘 되지 않으며, 혈액 안에 있는 노폐물도 충분하게 배출되지 않음으로써 혈액의 기능이 저하되면 혈액의 건강이 악화된다.

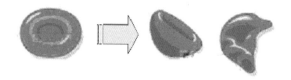

**[탈수에 의한 적혈구의 손상]**

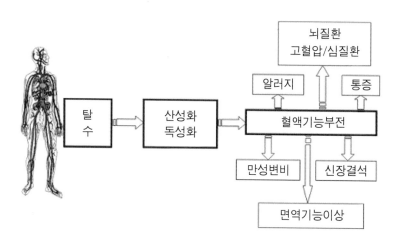

**[탈수에 의한 혈액의 기능부전]**

탈수가 되면 혈액의 기능 중에서 배출기능이 작동하지 않기 때문에 혈액의 점성이 높아지고, 혈장의 산성화와 독성화가 가속화되어 혈액순환이 불량하게 된다. 적혈구는 자기 수명대로 살지 못하고 손상을 입게 되고, 만성변비와 신장결석의 증가, 산소공급부족으로 인한 빈혈, 만성피로, 두통, 면역기능의 저하, 알러지, 뇌질환, 고혈압, 심질환의 원인이 되기도 한다. 특히 탈수성 알러지는 사람으로 하여금 굉장한 고통을 준다. 탈수가 일어나면 산성 노폐물이 체외로 잘 배출되지 않기 때문에 백혈구는 노폐물을 병원균으로 인식하는 일이 벌어져 비만세포(mast cell)에서 히스타민이 심하게 분비되어진다.

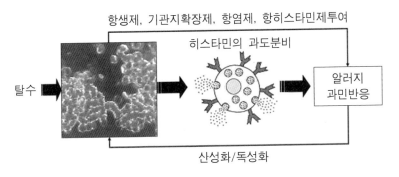

항생제, 기관지확장제, 항염제, 항히스타민제투여

히스타민의 과도분비

탈수

알러지
과민반응

산성화/독성화

**[탈수와 알러지과민반응]**

비만세포에서 분비되는 히스타민은 나쁜 물질이 아니다. 인체에 침투한 기생충이나 각종 알레르겐(각종 화학물질, 화분, 곰팡이, 세균)을 밖으로 배출시키기 위한 방어물질이다. 탈수로 인하여 혈액의 배출기능이 저하하여 노폐물의 증가와 히스타민의 과다분비, 기관지축소, 비염, 가려움증 등 과민반응이 일어난다. 노폐물 배설과 면역기능이라는 혈액의 고유한 역할이 정상으로 작동되면 알러지과민반응이 일어나지 않는다. 대부분의 사람들은 알러지과민반응이 일어나면 바로 병원으로 달려가 히스타민 분비를 강제적으로 억제시키거나 면역기능을 강제적으로 저하시키는 항히스타민제, 항염제, 기관지확장제를 받아서 복용하거나 주사를 맞는다. 이러한 화학물질의 장기적인 혈액 내 잔류는 결국 탈수를 가속화시키고 산성화와 독성화를 일으키고 면역기능을 저하시키는 악순환을 만드는 것이다.

혈액의 배출기능과 면역기능이 정상적으로 작동한다면 알러지는 전혀 문제가 되지 않는다. 정상적인 수분공급으로 인하여 노폐물의 배출기능이 원활하게 되면 알러지과민반응이 개선된다. 수분을 제대로 공급하지 않게 되면 전신의 세포가 탈수현상이 일어나며, 가장 치명상을 입는 것이 바로 뇌세포와 같은 영구세포들이다. 혈액의 성분인 적혈구의 수명은 120일, 백혈구는 약 2주간 정도 교체되고, 피부조직세포도 40~45일 정도의 수명을 가지고서 재생을 한다. 그런데 뇌세포의 경우는 그렇지 않다. 뇌세포는 한 번 파괴당하면 회복할 길이 없다. 뇌척수액은 99%가 물이고, 뇌회백질은 85%가 물이다. 탈수가 되면 히스타민의 과다분비와 함께 위통, 편두통, 요통, 견비통, 관절통과 같은 각종 통증이 일어난다. 이러한 통증신호는 갈증신호인데도 각종 소염진통제를 먹게 되고, 소염진통제는 혈액을 산성화시키거나 독성화시켜 또 다른 2차적인 병을 일으키기도 한다.

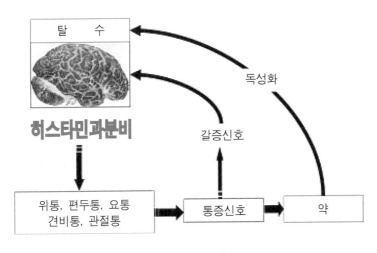

[탈수와 통증]

탈수가 인체에 주는 여러 가지 문제점에 대해서 인체는 가만히 있지 않는다. 체내 수분량의 변화에 대하여 인체는 대단히 민감하게 반응하도록 되어 있다. 뇌는 탈수에 대하여 대단히 민감하게 반응한다. 뇌 안에 있는 갈증중추와 삼투압수용체 그리고 심장에 있는 수분량을 알리는 용적수용체가 체내의 갈증과 수분량의 변화를 감지하여 세포가 파괴되지 않도록 24시간 계속 작동한다.

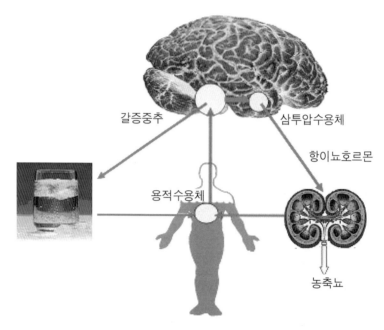

[수분량 조절 시스템]

갈증중추    삼투압수용체

항이뇨호르몬

용적수용체

농축뇨

체내 수분량이 감소하면 심장에 있는 용적수용체(volume receptor)가 감지하여 뇌에 전달하게 되는데, 두 가지 수분량 조절경로가 있다. 한 가지는 갈증중추(thirst center)이고 다른 한 가지는 삼투압수용체(osmoreceptor)이다. 갈증중추는 시상하부에 존재하며, 신경세포 크기의 변화에 따라서 체액삼투압의 이상을 감지하여 수분부족으로 혈액의 삼투압이 높아지면 신경세포는 탈수상태로 인하여 위축하는 자극을 대뇌피질에 전달함으로써 갈증을 느끼게 하고 수분을 확보하도록 명령하는 것이다.

수분의 부족에 대한 정보를 전달받은 뇌 안에 있는 시상하부의 시색상핵에 있는 삼투압수용체는 항이뇨호르몬(anti-diuretic hormon, ADH)이 있는 뇌하수체후엽에 탈수정보를 전달하여 항이뇨 ADH호르몬이 혈액 안에 분비한다. ADH호르몬은 arginine vasopressin(AVP)라고 불리기도 한다. ADH호르몬은 신장에 있는 요세관과 집합관에 작용하여 수분이 소변으로 나가지 못하도록 막아 버리는 역할을 함으로써 수분의 배설량을 줄여서 탈수가 더 악화되지 못하도록 한다.

문제는 나이가 들면 들수록 이러한 갈증감지능력이 줄어 든다는 것이다. 갈증상태인데도 갈증을 감지할 수 있는 능력이 낮아지기 때문에 지속적인 탈수가 진행된다. 그래서 어린아이들은 80% 이상의 수분을 가지고 있지만, 노인이 되면 60% 이하의 수분량으로 떨어지게 되는 것이다. 나이가 들면 들수록 갈증을 감지하는 능력이 낮아지기 때문에 규칙적으로 물을 섭취하는 습관을 갖는 것이 필요하다. 또한 무엇보다 물의 종류를 선택하는 것이 중요하다. 콜라, 사이다, 커피 등으로 체내 수분량을 제대로 확보할 수 있다고 생각하는 사람들이 예상 외로 많다. 콜라와 커피와 같은 카페인 함유 음료나 미네랄이 없는 산성수를 마시게 되면 마셨던 물의 양보다 배출된 소변량이 더 많아져 꺼꾸로 탈수가 심해진다.

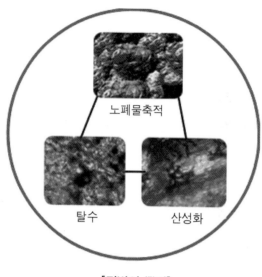

노폐물축적

탈수          산성화

**[질병의 뿌리]**

운동을 한 후 또는 사우나에서 땀을 흘린 후 갈증을 느끼는 것은 당연한 일이다. 수많은 청중들 앞에서 발언할 일이 있을 때 정신적인 스트레스로 인하여 입이 타는 갈증을 느끼게 된다. 감기약이나 항생제를 먹을 때도 두세 시간 후에 심한 갈증을 느끼게 된다. 식염이 많은 짠 음식을 먹었을 때도 물을 마시고 싶은 갈증을 느끼게 된다. 또한 당뇨병과 같이 몸에 어떤 만성적인 질병이 있을 때도 갈증을 느끼게 된다. 별다른 운동을 하지 않았는데도 지속적인 갈증을 느끼는 사람은 단순히 탈수상태라는 신호 이전에 질병의 신호라고 할 수 있다. 탈수는 만성화되어 있고 탈수로 인한 질병의 증상이 일어나고 있다고 하여도 과언이 아니다. 어린아이에서부터 어른에 이르기까지 탈수를 방지하는 것은 건강을 유지하는 데 대단히 중요하다. 탈수는 단순이 몸에 수분이 부족하여 생길 수도 있는 일이지만 94% 수분인 혈액과 99% 수분인 뇌척수액과 85%가 수분인 뇌회백질에 문제가 생겨도 심한 갈증을 느끼는 경우가 많기 때문에 어떤 질병의 원인으로 갈증이 일어날 수도 있는 것이다. 따라서 갈증이 있음에도 불구하고 물을 마시지 않게 되면 탈수증에 걸리게 되며 만성적인 탈수증을 해결하지 못하면 질병을 가속화시키는 심각한 상태에 이를 수 있다.

체내의 물이 1.2% 정도 탈수가 되면 고통을 느끼고, 5% 정도 손실되면 혼수상태에 빠진다. 그리고 약 10% 이상 손실되면 생명에 심각한 위험을 줄 정도로 탈수는 대단히 위험한 것이다. 탈수는 갑자기 올 수도 있지만 서서히 올 수도 있다. 탈수는 단지 입에 있는 갈증의 문제가 아니고 혈액과 조직을 구성하는 모든 세포를 탈수상태로 만드는 것이다. 체내의 수분이 1.2%만 탈수되어도 고통을 받는다는 것은 바로 혈액과 세포에 손상을 받는다는 것으로 이해하면 된다. 탈수로 인하여 혈액의 점성이 높아지면 혈액순환이 불량하게 되고, 혈액 안에 있는 노폐물을 걸러 내는 신장에 손상이 있게 된다. 나빠진 혈액환경으로 인하여 혈액 속에 만약 박테리아나 바이러스와 같은 병원균이 있다면 그 증식이 가속화되는 것이다.

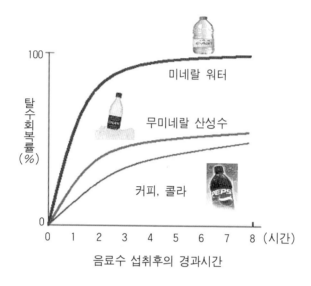

[물의 종류와 탈수회복률]

무조건 아무 물이나 마시면 탈수가 해소된다는 생각은 금물이다. 혈액과 비슷한 농도를 가진 알칼리성 미네랄 워터 등을 마시지 않는다면 탈수에서 회복할 수 없다. 위의 그래프에 나타나 있는 바와 같이 심한 운동 후 혈액의 탈수회복률을 보면 알칼리성 미네랄 워터를 마신 경우에는 두 시간이 급격하게 탈수회복을 보이지만 역삼투압방식의 정수기를 통과시킨 산성수는 아무리 많이 마셔도 탈수회복률이 50%밖에 되지 못하며, 특히 카페인을 함유한 음료수를 마시는 것은 혈액의 탈수회복률을 크게 기대할 수 없다.

한편, 고령자일수록 탈수를 감지할 수 있는 능력이 감퇴한다. 탈수가 되어도 목마르다는 갈증을 느끼지 못하고 대신에 많은 통증으로 나타나게 된다는 것이다. 탈수로 인하여 증상을 악화시킬 수 있는 각종 질병들을 열거하면 다음과 같다.

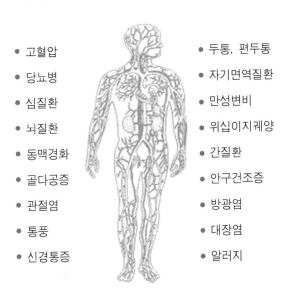

- 고혈압
- 당뇨병
- 심질환
- 뇌질환
- 동맥경화
- 골다공증
- 관절염
- 통풍
- 신경통증

- 두통, 편두통
- 자기면역질환
- 만성변비
- 위십이지궤양
- 간질환
- 안구건조증
- 방광염
- 대장염
- 알러지

**[탈수에 관련된 각종 질병]**

다음쪽의 사진은 암시야현미경을 통해서 관찰한 탈수상태의 혈액패턴이다. 한국 사람들의 탈수상태는 대부분이 고식염식과 과도한 산성식품과 약의 복용으로 인한 것이다. 탈수는 혈액순환을 방해하고, 노폐물의 축적을 가속화시켜 또 다른 질병을 일으키는 원인이 된다.

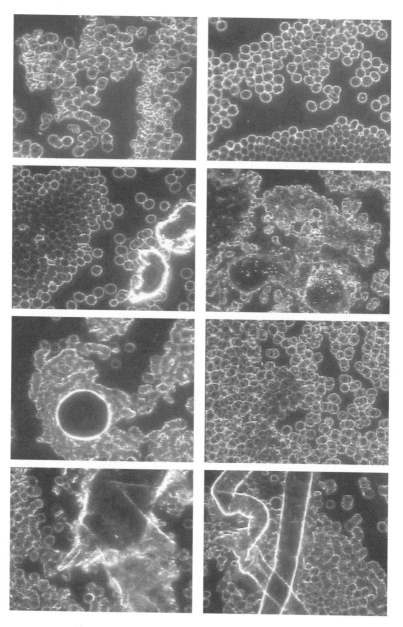

[탈수와 노폐물의 축적을 나타내는 혈액의 패턴]

# 5. 혈액의 산-알칼리 평형조절 시스템

혈액을 통한 수분량 조절기능에 문제가 발생하여 탈수가 일어나면 영양분의 용해와 분해와 노폐물의 배출이 잘 일어나지 않는다. 노폐물은 대부분이 산성이며, 산성노폐물이 혈액 안에 축적되면 각종 질환을 일으킨다. 혈액은 질환에 대한 방어작용으로 혈액환경이 산성화되지 않도록 산-알칼리 평형조절 시스템이 정밀하게 작동한다. 혈액이 산성화되면 산성노폐물은 덩어리를 만들게 되고, 혈액 안에 있는 곰팡이, 박테리아, 바이러스는 맹렬한 활동을 하게 되며 암세포는 산성화된 혈액상태를 좋아한다고 할 수 있다.

모든 용액의 산과 알칼리 농도를 표시하는 단위로 pH(Potential Hydrogen)라는 단위를 사용한다. pH농도는 용액 중의 수소 이온($H^+$)의 함유량 또는 수산기이온($OH^-$)과의 분포비율을

나타낸다. 또한 중탄산의 비율을 통해서 pH를 계산하는 방식이
있다.

$$pH = -\log [H^+]$$

만약, 수소이온량($H^+$)이 1리터당 0.00001mol이라고 한다면
$pH = -\log 0.00001 = -\log 10^{-5}$로 계산되어, pH농도는 5가 된
다. 혈액의 수소이온농도와 수산기이온농도가 동일한 비율을 가
지게 되면 중성(pH 7.0)이라고 말하며, 수소이온농도가 수산기
이온농도보다 낮은 상태를 산성($<$pH 7.0), 그 반대는 알칼리성
($>$pH 7.0)이라고 한다. 강산성은 pH 1.0이며 강알칼리성은 pH
14.0이 된다. 한편, 중탄산($HCO_3^-$)과 이산화탄소($CO_2$)에 의하
여 혈액의 pH농도가 결정되기도 한다. 중탄산량이 이산화탄소보
다 많아지면 pH는 약알칼리성으로 유지되는데, 이 때에 폐에서
이산화탄소를 밖으로 배출함으로써 조절되기도 한다.

$$pH = pK(6.1) + \log \frac{[HCO_3^-]mmol/1}{[CO_2]mmol/1}$$

혈액을 약알칼리성의 상태로 유지하기 위하여, 산-알칼리 평
형조절 시스템은 신장기능과 폐기능과 세포대사가 협동으로 움
직인다. 세포대사활동 중에 생긴 물질(노폐물, 수소이온 또는 이
산화탄소)은 산성이다. 세포외액이 알칼리성이기 때문에 세포 내

에서 만들어진 산성대사물은 삼투압의 원리에 의하여 세포외액 쪽으로 이동된다. 그런데 세포외액이 알칼리성을 일정하게 유지하지 못하면 세포 내에서 만들어진 산성대사물이 세포 외로 이동하지 못하며 결국 세포활동이 정지되게 된다. 건강한 세포가 되기 위하여 혈액의 농도(세포외액의 농도)를 일정하게 유지하는 조절 시스템이 적절하게 작동하여야 한다. 혈액의 농도를 적절하게 조절하기 위하여 세포완충계, 신장완충계, 호흡완충계가 상호 연결되어 작동한다.

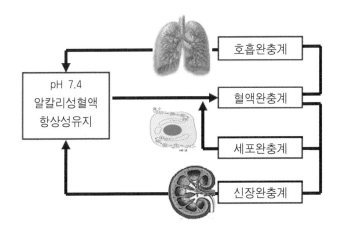

[산-알칼리 평형조절 시스템]

산-알칼리 평형(완충)조절계의 동작은 동시에 일어나는 것이 아니라 시간적 차이를 두고 움직인다. 스트레스가 많거나 질환이 있거나 고령자는 이러한 완충활동계가 정상적으로 작동하지 않는다. 따라서 산성수를 마셨을 때 인체에 문제가 없다고 말할 수 있는 조건은 네 가지 완충활동계가 정상적으로 작동할 수 있다는 전제가 있을 때만이 가능하다. 폐에 의한 호흡조절에는 10~20분, 세포외액조절에는 즉시 내지 수 시간, 세포내액조절에는 2~4시간, 신장에 의한 대사성 조절에는 수 시간 내지 수 일을 필요로 하기도 한다. 특별한 질병이 없는 고령자들에게 자주 나타나는 호흡기능저하, 세포기능부진, 신장기능이 정상적이지 못한 원인은 산성수나 약을 포함한 산성화물질을 장기적이고 지속적으로 섭취한 결과 산-알칼리 평형조절활동의 저하로 일어나는 것이다. 인체의 약 50~70%의 pH조절작용은 세포에서 일어난다. 산성수나 산성음식을 먹거나 산성공기를 마시게 되면 수소이온들이 세포 내에 진입하면 칼륨(포타슘)과 교환작용이 일어나 혈액(세포외액)의 칼륨농도는 증가한다. 한편, 산성화가 장기적으로 진행되면 다량의 수소이온이 뼈조직으로 들어가 칼슘이온과의 교환작용을 하면서 골다공증의 원인이 된다.

**[세포와 뼈에서 산성인 수소이온의 이동]**

뼈 안에 있는 칼슘이 혈액 안으로 흘러들어가면 각종 질환(당뇨병, 간질, 치매, 동맥경화증, 고혈압, 신장결석, 근육제어부전, 체액과 호르몬 분비저하)을 일으킨다. 세포 내에서는 단백질분자들이 움직이면서 수소이온과 결합하는 일도 있다. 적혈구 내에 있는 헤모글로빈과 같은 단백질의 표면은 음이온으로 되어 있으며 많은 수소이온과 결합하면서 산-알칼리 평형조절을 한다. 세포 내에서는 인산 등이 음이온으로서 수소이온과 결합하여 산-알칼리 평형조절을 시도하지만 일시적으로만 할 수 있지 장기적으로는 할 수 없다. 따라서 중탄산이 필요한 것이다. 예를 들면, 위 내벽과 십이장의 내벽에서는 음이온인 중탄산($HCO_3^-$) 이 흘러나와 수소이온($H^+$)을 중화시키면서 탄산을 만들고 또한 이산화탄소와 물을 만들면서 산-알칼리 평형조절을 한다. 폐는 이산화탄소를 배출하고 신장은 수소이온을 배출함으로써 혈액의 알칼리성의 상태를 유지한다.

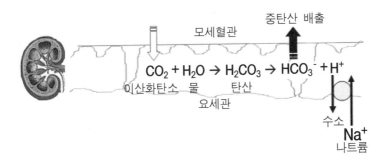

중탄산 배출

모세혈관

$CO_2 + H_2O \rightarrow H_2CO_3 \rightarrow HCO_3^- + H^+$

이산화탄소　물　　탄산

요세관

수소

$Na^+$
나트륨

[신장요세관의 작용]

신장 내 모세혈관의 혈액에서 요세관세포로 이산화탄소($CO_2$)가 들어가 물($H_2O$)과 결합하여 탄산($H_2CO_3$)을 만들고, 이러한 과정에 발생한 중탄산($HCO_3^-$)을 모세혈관의 혈액으로 다시 배출시킴으로써 산-알칼리 평형을 조절하는 것이다. 세포에서 만들어진 중탄산이 신장의 모세혈관으로 돌아가는 과정에 수소이온($H^+$)이 요세관으로 배출되고 또한 나트륨이온($Na^+$)이 요세관에서 재흡수되기도 한다.

한편, 기관지염이나 폐렴 등에 의한 호흡부전으로 이산화탄소의 배출능력이 저하되어 체내에 이산화탄소가 증가하면 혈액으로 중탄산의 재흡수가 증가하고 소변으로 수소이온의 배출이 증

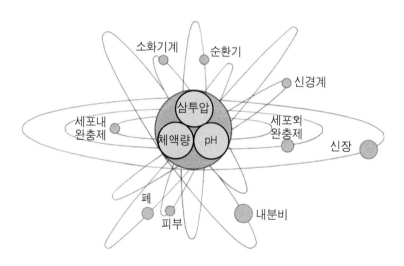

[수분량의 조절]

가함으로써 혈액의 산-알칼리 평형이 pH 7.4로 정교하게 조절되는 것이다. 물과 이산화탄소에서 탄산이 만들어지는 과정에 탄산탈수효소가 촉매작용을 하기도 한다. 산성의 화학물질이 탄산탈수효소를 차단해 버리면 중탄산의 재생과 수소이온의 배설이 급격히 억제되면서 중탄산이 소변으로 배설되는 일이 벌어진다. 혈액의 중탄산저하가 일어나면 혈액은 급격하게 산성화된다. 혈액을 약알칼리성(pH 7.4)으로 유지하기 위하여 신장, 폐, 세포액이 상호 연동하고 있다는 것을 알 수 있다.

60조 개에 이르는 세포의 생명을 유지하기 위하여 세포내, 세포외, 세포간 사이에는 끊임없이 수분자가 정밀하게 움직이면서 항상성을 유지하고 있다. 세포막을 사이에 두고서 체액삼투압, 체액량, pH농도를 일정하게 유지하기 위하여 폐, 피부, 내분비, 신장, 신경계, 순환기, 소화기, 세포내외의 완충계가 총동원이 되는 질서정연한 복잡계가 작동되는 것이다 이러한 복잡계는 상호협조하면서 정밀하게 조정된다. 만약 탈수, 감염, 노폐물 축적, 약에 의한 독성화가 일어나면 복잡계의 질서가 깨어지면서 각종 질병이 시작된다. 예를 들면, 부종은 대표적인 체액조절의 항상성이 무너진 부작용이라고 할 수 있다. 따라서 물을 마시고, 신선한 공기를 마시며, 화학성분이나 약복용에 대한 절제, 노폐물이 혈액 안에 축적되지 않도록 하는 음식의 선택과 적절한 운동을 하는 것은 혈액 건강에 대단히 중요하다.

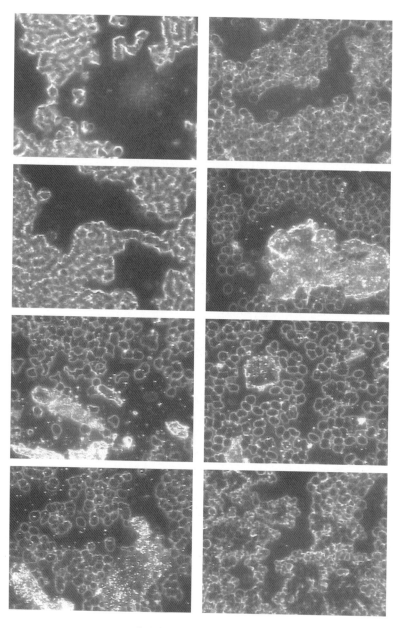

[산성화된 혈액의 패턴]

# 6. 혈액을 산성화시키는 산성수와 산성물질

혈액의 산성화를 가속화시키는 원인으로 인체내부에서 일어나는 신부전, 당뇨병성 케토산혈성 저산소증이 있으며, 외부적인 원인으로는 산성인 아스피린중독, 메타놀중독, 에틸글리콜중독 등을 들 수 있다. 위장액은 음식을 소화시키는 역할을 하는 강산성의 소화액을 분비하며, 췌장은 알칼리성중탄산을 분비하여 위산을 중화시킨다. 만약 장염 등으로 인하여 설사가 일어나면 중탄산이 과도하게 소모되어 혈액이 산성화된다. 또한 신장의 요세관에서 중탄산의 재흡수가 원활하게 일어나지 않아도 요세관에서 산성화가 일어나기도 한다.

혈액의 산성화에 가장 큰 영향을 주는 것은 마시는 산성수와 먹는 산성식품이다. 가정에 설치한 역삼투압방식의 정수물과 콜라와 사이다와 같은 소프트 드링크와 알코올류는 모두 산성수이다. 산성수는 체내의 여러 곳에 산성화 물질이나 노폐물을 축적시켜 병이나 노화촉진의 원인이 되기도 한다. 마신 물은 각 장기 조직에 침투하여 거의 10분 후에는 피부조직에까지 도달한다. 매일 산성수를 지속적으로 마시게 되면 조직과 전신의 세포에 악영향을 준다. 만성적인 스트레스와 더불어 산성화 물질이 몸에 축적되면 세포의 노화와 더불어 세포내외액의 산-알칼리 평형조절의 기능부진과 탈수를 촉진시켜 여러 가지 질환을 초래한다.

**[음식과 음료수와 자연수와 인체의 pH농도]**

| 우유 | pH 6.5~6.8 | 동맥혈가스 | pH 7.3~7.4 |
|---|---|---|---|
| 콜라 | pH 2.5~3.0 | 정맥혈가스 | pH 7.3~7.4 |
| 커피 | pH 5.0~5.5 | 혈장 | pH 7.4 |
| 토마토주스 | pH 4.0~4.5 | 위액 | pH 1.2~2.5 |
| 레몬주스, 식초 | pH 2.0~2.5 | 요(오줌) | pH 5.0~8.0 |
| 맥주 | pH 2.5~3.0 | 침 | pH 6.4~6.9 |
| 위스키 | pH 2.0~3.0 | 세포간질액 | pH 7.4 |
| 스포츠음료, 수돗물 | pH 6.5~7.0 | 세포내액 | pH 6.1~6.9 |
| 역삼투압 정수기물 | pH 4.5~6.0 | 해수 | pH 7.3~7.5 |

현대인의 식생활을 보면 대부분 산성화물질에 노출되어 있다. 야쿠르트, 우유, 맥주, 소주, 위스키, 정제수, 역삼투압수, 시중에 파는 이온음료들도 산성수이다. 카페인 함유 소프트 드링크도 산성수이다. 동물성포화지방산, 김치, 된장, 식초, 간장, 진통제, 항

생제, 방부제, 설탕, 대기오염물질, 중금속오염물질 등은 산성물질이고, 채소류, 잡곡류, 미네랄과 비타민제와 오메가-3 등은 알칼리성물질들이다. 산성수와 산성화물질을 다량 섭취하게 되면 혈액은 정상적인 알칼리성을 유지하기 위하여 폐와 신장과 세포활동에 과부하를 건다. 과부하를 견뎌 내지 못하면 탈수가 일어나 혈액은 고점성화되고 혈액의 환경은 악화된다. 혈액의 고유기능인 이동과 배설과 면역기능의 저하가 초래되면 노폐물의 축적(산성화와 독성화)이 일어나 질병이 시작되는 것이다.

| 동물성 포화지방산 |  |
| 김치, 된장, 식초, 간장 | |
| 진통제 | |
| 항생제 | 채소류 |
| 설탕, 방부제 | 잡곡류 |
| 대기오염물질 | 미네랄 |
| 중금속오염물질 | 비타민 |
| | 오메가-3 |

**산성화물질**          **알칼리성물질**

[산성화물질과 알칼리성물질]

건강한 혈액은 약알칼리성의 농도를 가지고 있다. 그러나 극심한 육체피로와 스트레스와 만성질환을 가진 사람의 혈액을 조사해 보면 대체로 산성혈액상태이다. 혈액이 산성화되면 콜레스테롤과 지질이 엉키면서 과산화질이 발생하고, 혈액은 검은 색을 띠며 점성이 높아진다. 좀더 어려운 말을 사용한다면 암모니아와 젖산과 같은 피로물질과 독성이 활성산소와 혼합되면서 혈액이 산성화되는 것이다. 혈액의 산성화와 독성화는 혈액을 통한 산소 공급을 원할하지 못하게 하고, 산소결핍을 일으키는 동시에 산성 노폐물은 암과 심근경색 또는 뇌경색을 일으키기도 한다. 따라서 산성화된 체질을 약알칼리성으로 회복하는 것은 건강을 회복하고 유지하는 데 있어서 가장 중요한 방법이라고 할 수 있다.

산성화된 혈액을 약알칼리성으로 회복하거나 혈액을 부드럽고 맑게 만드는 방법으로 약알칼리성 음료와 음식을 지속적으로 섭취하는 것이 가장 좋다. 혈액의 산성화를 막기 위해서 작동하는 산-알칼리 평형조절 시스템이 세포, 신장, 폐에 있다. 이것은 건강한 세포, 건강한 신장과 폐가 있다는 전제하에서 산-알칼리 평형조절 시스템이 제대로 작동한다는 것이다. 그런데 만성질환, 운동부족, 영양섭취의 불균형, 심한 스트레스 등으로 인하여 이러한 산-알칼리 평형 시스템의 기능이 급격히 저하하는 것이 문제가 되어 결국 혈액이 걸쭉하게 되거나 쉽게 피로하게 되는 산혈성혈액이 되는 것이다. 혈액의 산성화에 의한 만성피로, 신장기능부전, 심부전상태의 우려가 있는 사람이 만약 강산성인 역삼투압수, 산성인 알코올류, 산성인 콜라와 사이다 등을 습관적으로 마시게 되면, 신장에 과도한 부하를 줌으로써 기능부전을 가속화할 수도 있고, 체내 세포조직에 치명상을 입힐 우려가 있다. 혈액의 산성화로 점성이 지나치게 높아져 모세혈관에 혈액이 원활하게 공급되지 않게 되면 세포는 혈액을 통해서 산소를 충분히 공급받지 못하게 되므로 기능부전이 일어나 사세포가 되면서 혈관을 경화시키거나 조직이 경색되는 일이 발생하는 것이다.

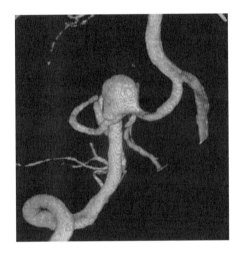

[뇌혈관의 경색]

미네랄이 풍부한 알칼리성 미네랄 워터를 지속적으로 마신다는 것은 1차적으로 혈액 내의 전해질의 이동을 왕성하게 하면서 기능이 저하된 세포활동을 활성화하는 동시에 신장과 폐에 걸리는 과도한 부담을 줄여 주고, 산성화된 혈액을 약알칼리화로 조절한다. 수면 중에는 혈액의 점도가 높아지므로 고콜레스테롤의 체질, 만성피로 증후군을 가진 체질, 신부전 또는 심장부전의 우려가 있는 사람들은 저녁식사 후 혹은 취침 전에 반드시 적당한 양(200cc 이상)의 미네랄 워터를 습관적으로 마시는 것이 좋다. 암세포 또는 암종양의 농도는 산성(pH 4.0~6.0)으로 알려져 있다. 암종양조직이 정상조직에 비해서 산성화되어 있음은 잘 알려진 사실인데 이것은 암세포가 정상세포에 비하여 당분해율이 높고 피로물질인 유산(乳酸, lactic acid)이 많이 생기기 때문이다. 따라서 암세포 또는 암종양이 가장 좋아하는 환경은 혈액이나 세포가 산성화 상태로 기울어지는 것이다.

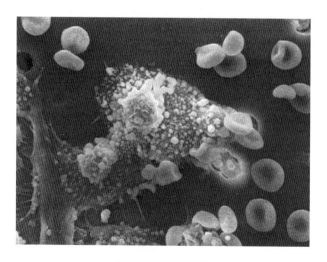

**[암세포와 적혈구]**

혈액이 산성화되면 혈액의 응집이 빨라지며, 단백질, 지방, 탄수화물을 분해하는 촉매 역할을 하는 효소가 급속이 파괴되면서 산소의 이동속도가 늦어지는 문제가 생긴다. 독일 오토 바르버거 박사는 암세포의 증식과정에 산소결핍이 반드시 있다는 것을 밝힌 공로가 인정되어 노벨상을 받았다. 혈액의 pH농도가 저하되면 각 세포에 산소결핍이 일어난다는 사실이 밝혀졌는데 이 사실은 곧 암세포의 증식이 저하된 pH농도와 산소가 결핍된 환경에서 발생한다는 것이다. 뇌는 24시간 쉴 사이 없이 글루코스(glucose)라는 에너지를 공급받으면서 활동하지만 뇌조직 자체는 글루코스를 저장할 수 없으므로, 정밀하게 조절된 pH농도와 인슐린, 그리고 글루코스를 가진 혈액을 통해서 공급받게 된다.

혈액이 산성화되면 전자기적으로 음이온화되어 있는 지방산은 양이온화되면서 음이온화되어 있는 동맥혈관벽에 부착되기 시작한다. 이러한 현상이 가속화되면 결국 지방산이 혈관 내 중벽에 침투하여 혈관이 경화되면서 동맥경화로 발전하게 된다. 체내 미네랄 동화반응은 pH농도에 의하여 영향을 받는다. 각종 미네랄은 체내로 동화되어질 때 각기 다른 pH농도를 갖는다. 예를 들면, 요오드는 갑상선의 기능을 적절하게 조절하는 중요한 미네랄 중의 하나이다. 그런데 혈액의 pH농도가 일정하게 유지되지 않는다면 갑상선은 요오드를 받아들이지 못한다. 혈액의 급격한 산성화는 갑상선기능에 각종의 기능부전이 일어난다. 이러한 갑상선 기능저하는 결국 관절염, 심장발작, 당뇨병, 암, 우울증, 비만, 만성피로 등과도 깊은 관련성이 있는 것으로 알려져 있다. 따라서 혈액의 농도를 바꾸어 주는 것이 바로 체질개선이며 체질개선을 하는 데 가장 빠른 것은 노폐물을 배출시키면서 혈액을 맑게 하는 미네랄 워터보다 더 좋은 것은 없다.

혈액의 농도와 비슷한 알칼리성 미네랄 워터를 마심으로써 신장이 갖는 부담을 줄여서 혈액의 점도를 낮추고 혈류속도와 호르몬 분비와 신경전달물질을 서서히 증가시킬 수 있다. 그리고 미네랄 워터 속에 있는 이온화된 전해질(칼슘, 마그네슘, 중탄산)은 세포활동을 정상으로 회복시키는 데 결정적인 역할을 하면서 혈구가 서로 뭉치지 않도록 해 주어 혈액순환을 왕성하게 하는 환경을 만들어 준다. 아래 혈액사진은 혈액의 산성으로 인하여 적혈구가 엉키거나 연전현상을 나타내고 있다. 혈액의 엉킴과 연전현상은 혈액순환을 방해하고 산소공급량을 감소시켜 만성피로를 일으킨다.

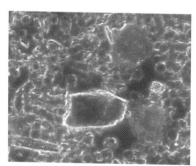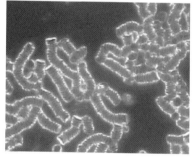

**[노폐물 축적에 의한 산성화와 혈구의 연전현상]**

혈액을 산성화시키고 독성화시키는 원인을 보면 생활습관에 깊은 관련이 있다. 탈수로 인한 변비를 방치하면 황화수소, 히스타민, 암모니아 등이 혈액 속에 돌아다니면서 세포를 변형시키거나 파괴시킨다. 변비의 원인은 다양하지만 가장 큰 원인이 물을 평소에 잘 마시지 않는 식생활 습관과 정신적인 스트레스와 간장병과 같은 질환에서 온 것이다. "변비를 10년 방치하면 암이 된다."는 말이 있다. 이러한 변비는 혈액에 독물질을 주입하는 것과 같다는 인식하에서 부작용이 없고 비용부담이 없는 물 마시는 습관을 길러야 한다. 아침에 일어나자마자 냉장고에 받아 둔 찬 생수(미네랄 워터) 한두 잔을 반드시 마시는 것부터 하루를 시작하는 생활습관을 길러야 한다.

차가운 생수를 마시면 위장과 결장에 일종의 반사작용이 일어나 장내를 활성화시키며 쌓인 노폐물을 밖으로 쉽게 배출시킨다. 그리고 가벼운 운동과 더불어 물을 한두 잔 마시고 식사 30분 전에 반드시 한두 잔의 물을 마셔야 한다. 즉 식사 30분 전에 물을 마시는 것을 잊지 말아야 한다. 변비가 있는 사람은 하루에 적어도 2리터 이상의 물을 마셔야 한다. 땀을 많이 흘리거나 만성적인 설사를 하는 사람도 탈수로 인하여 혈액이 산성화되기 쉬운 체질이다. 이런 사람은 탈수로 인하여 수분을 빼앗기고 미네랄이 지나치게 배설되어 혈액이 걸쭉하여 무기력과 피로를 유난히 많이 느끼는 체질이기 때문에 물을 마실 때 주의를 기울여야 한다.

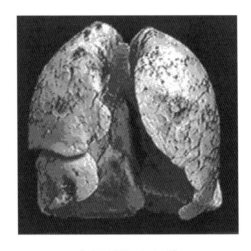

[암종양을 가진 폐]

혈액을 독성화시키는 주원인은 아마 담배일 것이다. 담배 속에는 니코틴과 타르와 같은 약 4,000가지의 유해한 화학물질이 들어 있고 폐를 통한 혈액오염의 원인이 되며 혈액의 산성화와 독성화를 시키는 주범이다. 담배를 피움으로 인하여 화학물질이 혈액 속으로 들어가면 혈액은 산소공급능력을 저하시키면서 세포를 변형시키고 죽게 만들어 마침내 면역 시스템을 파괴하여 박테리아와 바이러스의 감염에 노출되어 암이 발생하는 원인을 제공한다. 물을 풍부하게 마시면 혈액 내 수분이 유해한 화학물질을 용해하고 희석시킨다. 신장과 간장을 통해서 여과된 노폐물은 몸 밖으로 쉽게 배출되어 결국 체질이 개선되는 것이다. 담배를 피우게 하는 욕구는 뇌의 시상하부가 주며 물을 지속적으로 마시면 그러한 욕구가 사라진다. 즉 금연에는 물만큼 좋은 것이 없다는 것이다.

# 7. 혈액을 정화하고 조절하는 신장 시스템

　현대의학이 아무리 발달하여도 신장조직을 재생하거나 기능을 강화해 주는 약은 거의 없다. 신장사구체염(신장염)에 걸린 환자는 각종 부작용에 시달려야 하며 심하게 되면 신장투석과 신장이식을 하여야 하는 일이 벌어진다. 신장사구체염 또는 신부전(renal failure)은 세균감염, 요관폐쇄, 신장허혈, 악성종양 등에 의하여 급성 또는 만성신기능장애가 일어나 소변을 만들 수 없는 요독증(uremia)이 된다. 요독증이 되면 고질소혈증(azotemia)으로 크레아틴, 요소, 요산 등의 농도가 급격하게 상승한다. 또한 인산이온 등의 불휘발성 산성이온이 축적되어 혈액을 산성화시키고 혈중나트륨의 증가와 부종, 빈혈, 고혈압, 혈장칼륨농도의 증가로 인한 신장기능이상이 일어나게 된다. 신장의 기능은 과도한 스트레스와 과도한 약물복용과 고령화에 따라 신장사구체 자체가 노화된다. 고령이 되면, 수분의 섭취가 줄어들게 되므로, 신장의 혈류량의 저하와 노폐물의 여과기능에 과도한 부하가 걸린다. 신장의 기능이 저하하면 혈액이 산성화되고 독성화된다. 혈액순환을 잘 하지 못하면 산소운반이 원할하지 못하고 만성피로는 물론이고 면역기능의 저하와 신장의 기능부전과 심장의 기능부전이 일어난다.

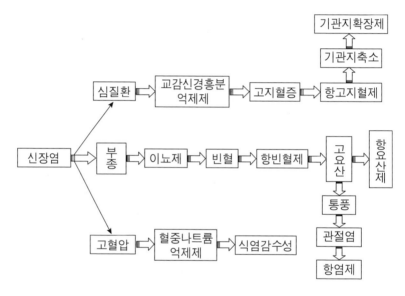

**[신장사구체염을 가진 환자에게 투여된 약]**

상기 흐름도는 신장사구체염으로 진단을 받아 20년 이상 앓았던 환자에게 병원에서 어떤 약들을 투여해 왔는지에 대한 것이다. 신장염이 있으면 혈액의 산-알칼리 평형조절불능에 따른 삼투압기능의 저하로 전신부종 또는 국부부종이 생긴다. 부종은 혈압을 상승시키거나 신장에 부담을 주기 때문에 의사는 이뇨제를 투여한다. 이뇨제를 장기간 투여하면 적혈구의 손상이 일어나 빈혈현상이 일어난다. 빈혈현상을 방지하기 위하여 인공단백질인 항빈혈제를 투여한다. 항빈혈제를 장기간 투여하면 단백질의 과도한 증가로 인하여 요산(uric acid)이 증가하거나 혈액이 산성화되어 통풍이 일어난다. 요산을 억제하기 위하여 항요산제를 투여하고 정형외과의는 관절염 증상도 있다고 판단하여 항염제를 처방하게 된다.

신장염을 가진 환자는 식염대사기능의 저하로 인한 혈압의 상승도 있어서 혈중나트륨억제제제(예 : angiotensin II receptor antagonist)를 투여받게 된다. 장기간 동안 혈중나트륨억제제제를 투여받게 되면 식염감수성에 문제가 생겨서 탈수가 일어난다. 또한 신장염을 가진 환자가 부종이나 고혈압을 가지고 있다면 신장교감신경활동이 흥분될 가능성이 있다고 보고 의사는 교감신경활동억제제제(예 : beta-blocker)를 투여하게 되는 것이다. 교감신경활동억제제제를 10년 이상 장기간 복용하게 되면 부작용으로 콜레스테롤이나 중성지방의 수치가 증가하여 고지혈증이 생기게 되며 항고지혈제를 투여하게 된다. 항고지혈제를 장기간 투여받게 되면 환자는 기관지천식현상이 부작용으로 일어나게 되기 때문에 기관지확장제, 항히스타민제, 항생제를 투여받는다.

이상 열거한 모든 약들을 복용하였을 때 그 성분이 전부 어디를 통과하느냐가 문제이다. 전부 혈액을 맑게 하는 신장을 통과하게 된다. 각 분야의 의사 처방은 정확하다고 할지라도 처방목적에 따라 복용한 과다한 약물 성분은 신장사구체에 상처를 주게 되며 세포탈수와 함께 크레아틴레벨이 상승되면서 신장투석이나 신장이식이라는 길을 걷게 되는 것이다.

신장은 입력과 출력이 있는 정교한 시스템이다. 이 시스템은 어떤 문제가 있어도 정지할 수 없다. 엄마 뱃속에서 신장이 형성된 후 죽을 때까지 한 번도 쉬지 않고 전체 혈액을 매일 40회씩 통과시켜서 노폐물을 정화하는 것이다. 입력으로 들어가는 혈액을 할 수만 있다면 깨끗하게 해 주면 신장에 부담이 줄어든다. 수많은 약들은 전부 혈액을 깨끗하게 하는 것이 아닌 혈액을 산성화시키고, 약물성 잔유물을 계속 늘린다.

신장은 여러 가지 기능을 가지고 있지만 가장 핵심적인 기능들은 다음과 같다. ① 혈액의 염분(나트륨)과 수분량을 조절하여 혈압을 정상적으로 유지시킨다. ② 혈액 내 미네랄의 재흡수와 수분 배설량을 조절하여, 근육의 움직임이나, 신경의 전달 및 뼈의 형성에 정상적으로 작용한다. ③ 혈액 내 독성물질, 약물, 신진대사에서 생산된 노폐물을 여과시켜 체외로 배출한다. ④ 혈액의 산-알칼리 평형을 일정하게 조절하고 유지한다. ⑤ 혈액 중에 호르몬을 분비하여 뼈를 만드는 내분비 기능과 조혈작용을 한다.

신장의 구조를 보면 사구체(glomerulus)와 요세관을 하나로 묶은 네프론(nephron)으로 구성되어 있다, 두 개의 신장 안에는 약 200만 개의 네프론이 있다. 특히 요세관은 섭취한 수분과 미네랄(전해질), 그리고 배출되는 수분과 전해질과의 비율을 조절하여 체액의 조성을 일정하게 하는 일을 담당한다. 요세관은 모세혈관과 접촉하고 있는 부분에서 원뇨 가운데 사용될 수 있는 성분이나 수분이 혈액 안에서 재흡수하는 기능을 한다. 성인의 안정시의 신장혈류량은 매분 약 1200mL로 심박출량의 20~30%에 해당한다. 체중에 대한 신장이 차지하는 무게는 약 3% 정도밖에 되지 않음에도 신장에 흐르는 무게당 혈류량은 다른 어떤 장기보다도 많다는 것을 알 수 있다.

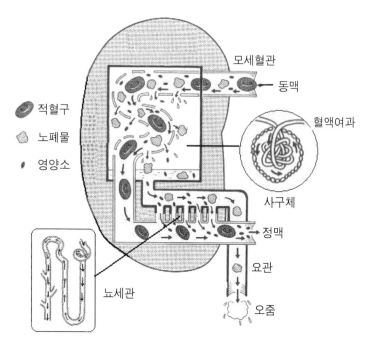

적혈구
노폐물
영양소

모세혈관
동맥
혈액여과
사구체
정맥
요관
오줌
뇨세관

**[물과 신장의 관계]**

신장의 혈류량은 스트레스, 화학적인 약물성분, 식염, 산성수, 산성식품, 통증, 추위, 격한 운동, 수분부족 등 수많은 원인인자들로 인하여 감소한다. 이러한 원인인자들은 신교감신경활동을 흥분시켜고 신장혈관을 강하게 수축시켜 혈류량을 감소시키는 것이다. 신장의 사구체는 여과(filtration), 재흡수(reabsorption), 분비(secretion)의 역할을 한다. 적혈구는 분자가 크기 때문에 사구체에서 밖으로 나가는 일이 없지만 신장염이 있을 때는 사구체 밖으로 나갈 수 있다. 적혈구가 사구체 밖으로 배설된 것이 바로 혈뇨이다. 그리고 사구체에서 혈액을 여과하지 못하면 혈액을 밖으로 끄집어 내어 고성능 필터 시스템을 통해 혈액의 불순물을 걸러 준 후 다시 혈관에 넣어 주는 인공투석을 하게 된다.

1일 신장을 통과하는 물은 약 180리터 정도 되며, 체중 60kg인 성인의 경우 70%가 수분이라고 한다면 42리터가 물이기 때문에 하루에 신장을 통과하여 재생되는 횟수는 적어도 4～5회 정도가 되는 것이다. 신장을 통과하는 180리터의 물 가운데 약 1.5리터는 노폐물과 함께 소변으로 배출된다. 혈액은 대동맥에 연결된 신장동맥과 모세혈관을 통해서 신장으로 흘러들어간다. 신장은 불필요한 노폐물을 가진 혈액을 여과시켜서 소변을 만들게 되는데, 소변량은 매분 1mL 정도이며 여과된 나머지 1,199mL의 혈액은 신장정맥을 통해서 다시 인체 속으로 돌아가게 된다. 매분 1mL의 소변량을 계산한다면 하루에 약 1.5리터의 소변이 생성되는 것이다. 만들어진 소변은 요관을 통해서 방광에 저장되며 방광은 300～500mL의 소변을 저장할 수 있고 충분히 저장되면 뇌의 명령으로 요도를 통해서 밖으로 배출된다. 소변은 체내의 노폐물을 수분과 함께 배출하는 역할도 있지만 체내의 수분량을 일정하게 유지하는 중요한 역할도 한다. 구토, 설사, 땀 등으로 탈수상태가 되어 수분이 부족하게 되면 뇌하수체에서 호르몬이 분비되어 신장에서 물을 체내에 재흡수시킨다. 따라서 소변이 농축되면 소변량이 적어지고 색깔이 짙게 된다. 반대로 체내에 수분이 과잉되어지면 수분이 많이 배출되어 소변량도 많아진다.

　신장은 수분에 함유되어 있는 나트륨, 염소, 칼륨, 칼슘, 인 등의 전해질의 농도를 일정하게 유지하기 위하여 소변에 배설되는 전해질량을 조절하기도 한다. 즉 몸의 수분량과 전해질량을 조절하므로, 혈압을 일정하게 유지하는 역할도 한다. 또한 신장은 칼륨이온, 수소이온, 암모니아, 중탄산 등을 분비하여 혈액의 산-알칼리 평형을 조절한다. 나트륨이 지나치게 배설되어지면 위험하기 때문에 나트륨을 저장하기 위하여 조절 호르몬이 움직인다. 신장사구체세포에서 분비되는 레닌(rennin)은 혈장 중에 안지오텐신 I(angiotensin I)이라는 물질로 바꾸어지고, 안지오텐신 I은 혈액 중의 변환효소(converting enzyme)의 움직임으로 혈관수축 작용을 시키는 안지오텐신 II(angiotensin II)로 바꾸어진다. 안지오텐신 II가 과도하게 많아지면 말초혈관저항의 증가가 일어나 고혈압의 원인이 된다. 안지오텐신 II는 부신피질을 자극하여 알도스테론(aldosterone)이라는 호르몬 분비를 자극하여 나트륨의 재흡수를 증가시키는 것이다.

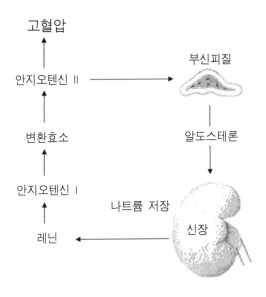

고혈압

안지오텐신 II                 부신피질

변환효소                    알도스테론

안지오텐신 I     나트륨 저장

레닌                   신장

**[신장의 호르몬 조절]**

혈중 나트륨이 안지오텐신 II의 증가를 촉진시키는 작용을 하기 때문에 신장을 통해서 최종적으로 안지오텐신 II 수용체가 활동을 하지 못하도록 함으로써 혈압상승을 막고자 하는 것이 혈중 나트륨억제제라고 불리는 Angiotensin II receptor antagonist 또는 변환효소(전환효소)를 차단하는 안지오텐신 변환효소억제제라는 것이 있다. 한국인들의 경우에 칼슘길항제와 함께 가장 많이 먹는 혈압강하제이기도 하다. 신장성혈압을 조절하는 가장 좋은 방법은 먼저 고식염을 절제하고 혈액을 맑게 해 주는 중탄산(bicarbonate)이 들어 있는 알칼리성 미네랄 워터를 마시면 된다.

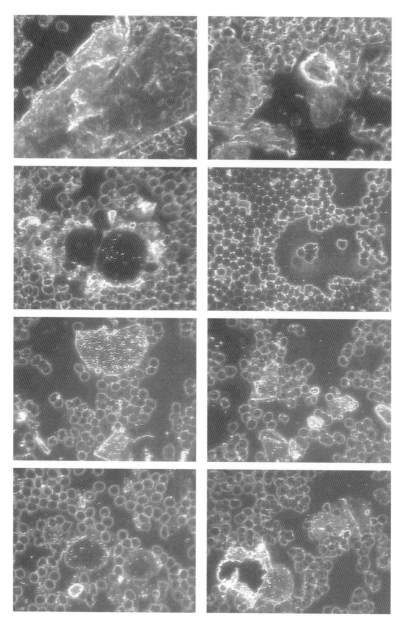

[신장기능의 저하로 인한 혈액의 패턴]

# 8. 혈액을 맑게 하는 알칼리성 미네랄 워터

혈액의 기능은 영양소의 이동과 노폐물의 배설과 면역기능이다. 이러한 기능을 수행하는 혈액의 환경이라고 할 수 있는 혈장은 94%가 물이며, 이 물을 유지하기 위하여 소화액으로 10리터의 수분이 움직이고, 신장에서는 180리터의 수분이 동원된다. 따라서 성인의 경우 하루에 최소한 2리터 이상의 물을 마셔야 이동과 배설과 면역의 기능을 제대로 수행할 수 있다. 저자가 '생명과 혈액과 물'이라는 주제를 가지고 세미나를 열었던 'M-Health Project 2006~2007'에 수천 명이 참석하여 물의 중요성에 대한 의견을 나누게 되었는데, 대부분의 참석자들이 혈액의 94%가 물이라는 사실을 인식하지 못하고 있었다. 참석자들 가운데 10명 중 8명은 각종 질환을 가지고 있었다. 알러지, 편두통, 위산과다증, 위십이지궤양, 만성피로, 관절염, 변비, 신경통증, 통풍, 고혈압, 당뇨병, 고지혈증 등에 대하여 일상생활 가운데 지속적으로 혈액의 농도와 비슷한 미네랄 워터만 제대로 마셔도 기본적으로 개선된다는 사실을 알게 되자 알칼리성 미네랄 워터를 마시는 바람이 일어나기도 하였다. 물을 마시는 것은 단순한 수분공급으로 끝나는 것이 아니다. 물은 인체에 필요한 수분의 공급도 공급이지만, 대단히 중요한 기능은 바로 혈액의 정화에 관여한다는 사실이다. 조금 전문적인 용어을 동원한다면 '해독(detoxification)'에 관여한다.

물은 무색, 무취인 투명한 액체로 경도(hardness)와 농도가 없는 것처럼 보이지만 물에도 경도와 농도가 있다. 미네랄 워터의 병에 적혀 있는 라벨을 자세히 보면 물에 함유된 미네랄의 총량(경도라고 함)과 농도를 표시하는 'pH'라는 용어가 있는 것을 볼 수 있다. 한 마디로 물이 단순하게 보이지만 강한 물과 부드러운 물이 있다는 것이다. 물의 경도는 물이 지하에 체류하면서 접촉하는 토양과 암석층으로부터 칼슘($Ca^{2+}$)과 마그네슘($Mg^{2+}$) 등의 미네랄이온들이 녹아 들어가 생기는 것이다. 물 속에 들어 있는 미네랄 함유량에 따라서 일반적으로 연수(경도 : 0~75mg/L), 적당한 경수(경도 : 75~150mg/L), 경수(경도 : 150~300mg/L), 강한 경수(경도 : 300mg/L 이상)로 분류하기도 하는데, 한국과 일본은 경우는 100mg/L, 미국은 250mg/L를 기준으로 하여 연수와 경수를 구분하고 있다. 수돗물은 거의 대부분 경도가 100mg/L 이하인 연수에 속한다. 물의 경도는 물 1리터를 180℃

까지 비등시켰을 때 물 속에 남아 있는 미네랄량을 계산하는 방식을 취하고 있다.

가정에서 많이 사용하는 역삼투압방식의 정수기를 통과한 물은 경도가 거의 'O'이다. 중공사막식과 카본필터식의 정수기를 통과한 물은 수돗물에 들어 있는 미네랄을 그대로 함유하고 있다고 하지만 정수효과에 대하여 의문을 가지고 있다. 가정에서 물의 경도를 측정할 수 있는 소형전자식 'TDS(Total Dissolved Solids) Meter'라고 불리는 경도측정기가 시판되고 있기 때문에 누구나 쉽게 자신이 마시는 물의 경도를 알아볼 수 있다. 물의 농도를 말해 주는 것에 또 한 가지가 'pH농도'라는 것이 있다. 물이 산성수인지 알칼리수인지를 알려 주는 것으로, 시판하는 미네랄 워터의 라벨에 거의 적혀 있다. pH=7.4라는 것이 무엇을 의미하는지 일반 사람들은 잘 이해하기 힘들겠지만 pH레벨은 물의 산성도와 알칼리도를 나타내는 대단히 중요한 단위이다. 가정에서 먹는 물의 pH농도를 간단하게 측정할 수 있는 리트머스 시험지와 휴대용 전극센스형 장치들이 시판되고 있기 때문에 매일 마시는 물에 대한 pH농도를 직접 측정해 볼 수도 있다.

전세계(WHO 기준)의 일반적인 음용수의 pH농도의 범위는 pH 5.0~8.5로 되어 있으나 실제 마시는 수돗물이나 미네랄 워터는 pH 7.0~8.0 사이가 대부분이다. 또한 체질개선을 위하여 알칼리이온수기가 등장하고 있으며 물의 농도가 pH 9.5∼10.0인 것도 있으니 마시는 데 주의가 필요하다. 자연계에 존재하는 오염되지 않은 생수, 또는 암반수 등 좋은 물로 평가되는 것은 경도가 높은 경수이며 혈액과 비슷한 약알칼리수인 pH 7.2∼7.4 이다. 100년 이상 전세계 150개 국에 수출되고 있다고 알려진 프랑스의 대표적인 물들인 왓윌레, 콘트렉스, 에비앙, 빗텔은 칼슘과 중탄산이 풍부한 미네랄 워터이며, 혈액과 비슷한 pH를 가지고 있다.

[미네랄 워터의 미네랄 함류량과 pH농도]

| 제품명(원산지) | 칼슘 (mg/L) | 마그네슘(mg/L) | 경도(mg/L) | pH |
|---|---|---|---|---|
| Wattwiller (프랑스) | 180 | 15 | 700(경수) | 7.4 |
| Contrex (프랑스) | 486 | 84 | 1,559(경수) | 7.3 |
| Evian (프랑스) | 78 | 24 | 357(경수) | 7.2 |
| Vittel (프랑스) | 91 | 2.0 | 309(경수) | 7.3 |
| THONON (프랑스) | 108 | 14 | 342(경수) | 7.4 |
| Courmayeus (이탈리아) | 533 | 66 | 2,285(경수) | 7.4 |

무병장수를 하는 사람들이 사는 지역의 공통적인 특징은 칼슘과 같은 미네랄이 풍부한 알칼리수를 식수로 사용한다. 반대로 뇌졸중과 심장질환의 발병률이 유난히 많은 주민들이 사는 지역의 식수는 미네랄이 거의 없는 연수지역에서 살고 있다는 것은 많은 역학조사를 통해서 증명되어 왔다. 침과 위액은 소화촉진과 소독의 역할을 하기 위해서 산성을 띠고 있으나 마시는 물과 췌

장에서 분비되는 알칼리성 중탄산액에 의하여 중화된다. 세계적인 미네랄 워터에는 풍부한 중탄산이 들어 있다. 좋은 물은 무색, 무취의 단순한 수분공급용의 용액이 아니고, 우리의 세포를 건강하게 하는 무기질 영양소를 풍부하게 품은 적절한 경도를 가지고 있으며, 혈액의 pH농도와 비슷하다.

[혈액과 비슷한 pH농도의 미네랄 워터 Wattwiller]

세계적인 미네랄 워터는 다음과 같은 특징들이 있다.
① 이뇨작용과 같은 치료효과
② 혈액의 농도와 비슷한 약알칼리성

③ 풍부한 중탄산

④ 칼슘과 같은 미네랄이 풍부

혈액의 농도와 비슷한 미네랄 워터만 지속적으로 마셔도 혈액의 환경이 개선되어 건강이 상당히 증진될 수 있다고 할 수 있다. 'M-Health Project 2006~2007'을 오픈하여 미네랄 워터를 3~6개월 정도 마셨을 때 혈액의 변화가 실제로 일어나는지에 대해서 9개월 동안 총 2,500명을 대상으로 혈액학의 형태학적인 관찰을 해 보았다. 미네랄 워터의 1일 음용량은 체중(kg)×33cc로 하였으며, 혈액의 변화하는 과정을 1개월 단위로 확인해 본 결과, 다양한 개선효과를 확인할 수 있었다. 혈액의 가장 중요한 기능은 영양소의 이동과 배출과 면역이다. 영양소의 소화와 흡수를 위해서 반드시 물이 필요하며, 세포대사활동 후에 발생한 노폐물은 물의 도움으로 신장과 폐와 피부를 통해서 배출되어진다. 암시야 현미경 장치는 혈액의 다양한 변화상태를 보여 준다. 부정맥환자. 고혈압환자, 알러지, 고지혈증, B형간염환자의 공통적인 특징이 적혈구가 서로 엉키고 각종 노폐물이 혈중에 잔유하고 있는 특징을 보여 주고 있다.

[부정맥환자, 남성, 56세]

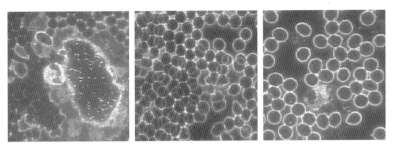

(초기상태 → 1개월 후 → 2개월 후)

[당뇨병, 남성, 60세]

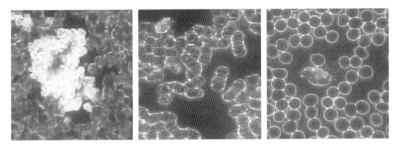

[초기상태 → 1개월 후 → 3개월 후]

[고지혈증, 남성, 55세]

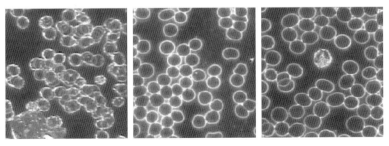

[초기상태 → 2개월 후 → 3개월 후]

## [B형간염, 남성, 40세]

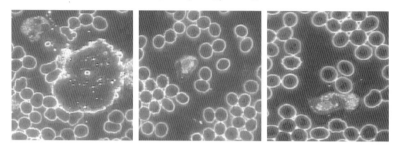

[초기상태 → 2개월 후 → 3개월 후]

## [알러지, 남성, 50세]

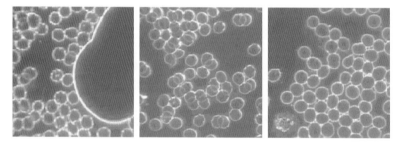

[초기상태 → 2개월 후 → 4개월 후]

## [고혈압환자, 여성, 60세]

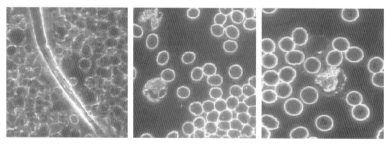

[초기상태 → 2개월 후 → 4개월 후]

# 제 2 장
## 혈액과 공기

# 1. 혈액에 영향을 주는 폐의 기능

탈수가 되면 혈액 안의 노폐물이 체외로 배출되지 않고 축적되어 산성화와 독성화가 일어나면서 각종 질병이 일어난다. 혈액의 산성화는 알러지과민반응과 면역기능의 저하를 더 심하게 만들어서 혈액에 있는 병원균의 증가를 초래할 수 있다. 이러한 혈액의 산성화를 방지하기 위하여 신장기능, 세포완충계, 혈액완충계, 폐기능이 복합적으로 작용한다. 신장이 혈액을 정화시키고 산-알칼리 평형조절을 100% 한다고 하여도 폐가 협조하지 않으면 안 된다. 폐와 신장은 분리되어 있는 장기이지만 혈액의 산-알칼리 평형조절과 혈액정화를 하는 데 있어서 상호협력을 하고 있다. 신장에 입력과 출력이 있는 것과 마찬가지로 폐도 입력과 출력을 가지고 있다. 신장의 입력과 출력은 혈관과 요세관으로 구성되어 있으며, 폐의 입력과 출력은 혈관과 폐포로 되어 있다는 차이 정도가 있을 뿐이다. 이 장에서는 폐의 기능, 폐와 신장의 상호동작, 폐 속에 있는 공기의 질을 어떻게 바꿀 것인가에 대하여 설명한다.

폐는 혈액에 산소를 공급하고 동시에 이산화탄소를 공급하며, 이러한 과정에 호흡은 뇌기능에도 큰 영향을 준다. 살아 있는 사람이라면 24시간 동안 끊임없이 숨을 쉰다. 숨을 쉰다는 것은 들이마시고 내뱉는다는 말이다. 숨을 쉬는 목적은 세포의 생명유지에 가장 중요한 공기 중 산소를 들이마시고, 세포의 노폐물인 이산화탄소를 체외로 배출하기 위한 것이며 그 과정은 크게 네 가지로 나눈다.

① 외부공기와 폐 사이의 가스교환
② 폐와 혈액 사이의 가스교환
③ 혈액과 조직 사이의 가스교환
④ 세포 내의 산소소비와 이산화탄소의 생성과 배출

호흡을 한다는 것은 이러한 네 가지 단계를 통해서 혈액에 산소를 공급하고, 혈액의 산화과정에서 발생한 이산화탄소를 밖으로 배출하여 산-알칼리 평형을 조절하는 것이다. 이러한 과정을 이해하는 데는 산소와 이산화탄소의 배출이 함께 일어나는 기관지의 구조를 이해할 필요가 있다.

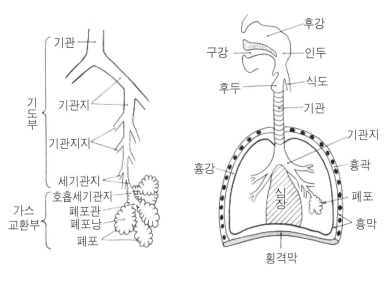

[기도와 폐의 구조]

공기는 '구강 → 후강 → 인두 → 후두 → 기관 → 기관지 → 폐포'를 흘러들어가거나 나오는데, 폐의 구조는 기관과 기관지와 세기관지로 이루어진 기도부와 실제 산소와 이산화탄소와 수증기의 가스교환이 일어나는 가스교환부로 되어 있다. 폐포에서 산소가 폐동맥에 들어가는 것은 적혈구 속에 있는 헤모글로빈(단백질)이 있기 때문이다. 폐포의 벽은 아주 얇은 초박층으로 되어 있으며 산소와 이산화탄소가 자유롭게 출입할 수 있다. 그림에 나와 있는 것과 같이 폐포의 표면에 붙어 있는 모세혈관의 이산화탄소는 폐포 안으로 확산해 가고, 또한 적혈구 안에 있는 헤모글로빈은 산소와 결합한다. 폐포는 총 3억 개 정도이고, 면적은 약 $100m^2$ 정도로 공기와 혈액이 접하는 면적은 대단히 넓다. 이렇게

면적은 넓은 것은 인체가 많은 산소량이 필요하다는 것과 몸에
축적된 이산화탄소 등의 가스를 밖으로 배출하는 데 필요하기 때
문이다.

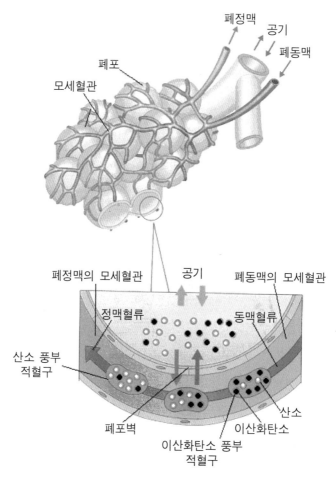

[폐포와 가스교환 구조]

폐포의 가스교환에 장애가 일어나는 경우는 ① 폐포의 모세혈관 내 혈류량의 감소(원인 : 폐경색), ② 폐부종에 의하여 폐포막이 두꺼워짐으로 일어나는 산소흡입과 이산화탄소의 확산장애, ③ 흡연에 의한 니코틴과 같은 이물질의 유입으로 폐포의 일부가 환기되지 않을 때이다. 또한 폐렴이나 폐결핵 등의 병원균의 감염으로 인하여 가스교환이 일어나지 않을 경우도 있다.

폐포 내의 공기(폐기포)와 모세혈관 내의 혈액은 표면활성물질을 품고 있는 폐포내면의 엷은 점액층, 폐포상피세포층, 결합조직을 품고 있는 폐의 간질층, 모세혈관의 내피세포막으로 나누어져 있다. 이러한 폐포와 혈관의 분리층은 $0.4\mu m$라는 극히 엷은 조직으로 이루어져 있으며 성인의 경우, 양쪽 폐포의 총면적을 계산해 보면 $100m^2$라는 대단히 넓은 면적을 가지고 있다. 혈액을 진공 중에 놓아 두면 혈액 안에 녹아 있는 혈장가스는 기체로서 방사되어진다. 반대로 고압기체 중에 혈액을 놓아 두면 기체는 혈액에 녹아 들어간다. 일반적으로 액체에 녹아 들어간 가스량은 가스분압에 비례한다. 산소량 가스분압은 $PO_2$, 이산화탄소분압은 $PCO_2$로 표시한다.

혈액은 폐모세혈관을 통과하면서 분압의 차이를 이용하여 가스교환을 한다. 산소는 분압이 높은 폐포에서 혈액 안으로, 이산화탄소는 혈액에서 폐포 안으로 이동한다. 혈액가스의 분압차에

의한 이동을 '확산'이라고 한다. 폐기포의 산소분압
$PO_2$=100mmHg, 폐모세혈관 내 정맥혈의 $PO_2$=40mmHg이기
때문에 양쪽 사이의 분압차는 60mmHg이다. 산소($O_2$)는 분압차
에 의하여 폐포에서 혈액으로 확산되어지는 것이다. 산소가 가스
로서 혈장 중에 용해되어 운반되기 때문에 그 운반량은 0.3Vol%
이며 매우 소량이지만, 산소가 적혈구막을 통과하여 적혈구 내의
헤모글로빈(Hb)과 결합된다.

폐포에서 폐포점액층과 폐포상피와 기저막과 모세혈관내피세
포를 통과한 산소가 적혈구에 실려 들어가는 과정을 좀더 구체적
으로 설명하면 아래 그림과 같다. 적혈구 안에 있는 헤모글로빈
은 분자량 17,000개의 폴리펩티드가 연결된 4분자 집합체이며,
철분(Fe)이 들어 있다. 헤모글로빈은 4분자의 산소와 결합했던

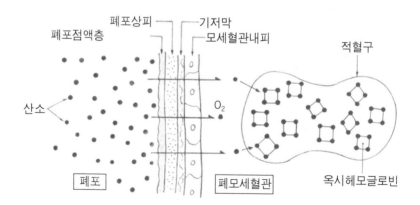

[폐포와 폐모세혈관 사이의 산소이동]

옥시헤모글로빈, 산소와 결합하지 않는 디옥시헤모글로빈이라고
한다. 헤모글로빈 1g은 최대 1.34mL의 산소와 결합하고 있다. 정
상인의 혈액 100mL 안에는 15g의 헤모글로빈이 포함되어 있기
때문에 100mL의 혈액은 최대 1.34mL/g×15g = 20mL의 산소
를 함유한다. 즉 헤모글로빈의 산소용량(oxygen capacity)은
20Vol%이다.

혈액을 채취하여 공기압에 접촉시키면 혈액에 있는 산소함유
량(Vol%)과 산소분압($PO_2$mmHg)을 나타낸 것이 바로 산소해리
곡선이다. 폐포의 동맥혈은 100mmHg의 산소분압, 100%의 산
소포화도, 20%의 산소함유량으로 나타난다. 폐포의 혼합정맥혈

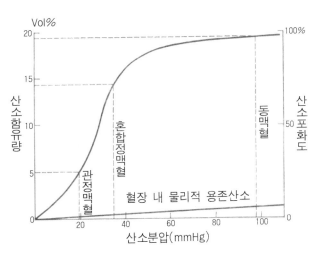

[혈액의 헤모글로빈의 산소해리곡선]

은 40mmHg의 산소분압에서 15Vol%의 산소함유량이기 때문에
동맥혈이 정맥혈로 바꾸어질 때 20−15=5Vol%의 산소가 헤모
글로빈으로부터 방출된다. 활동이 심한 심장에서 나오는 관정맥
혈의 산소분압은 혼합정맥혈보다 산소함유량은 더욱 낮게 나타나
조직의 산소량의 필요성은 더욱 높아진다. 폐에 이상이 있는 상황
에서 심한 운동을 하면 혈중이산화탄소 함유량은 증가하고 혈중
산소 함유량은 감소하게 된다. 동시에 혈액의 온도는 상승하면서
혈중 pH농도는 저하한다. 심한 운동 중에는 산소분압이 증가하고
산소의 함유량이 감소하면 그래프와 같이 pH농도는 7.4에서 7.2
로 감소하고, 동시에 조직의 온도는 36℃에서 38℃로 올라간다.

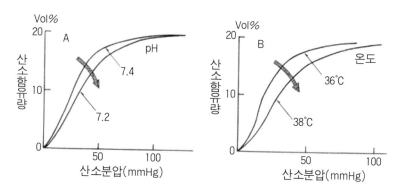

**[산소해리곡선의 병태에 의한 변화]**

담배를 피우게 되면 폐포의 일산화탄소량은 증가하고 산소함
유량은 저하한다. 혈액의 pH농도가 산성상태가 되면 몸의 온도
는 상승한다. 담배 안에는 약 4,000종류의 화학물질과 100여 종

류의 발암물질이 들어 있다. 담배를 피우게 되면 폐포를 통하여 유독성의 화학가스가 혈액 안으로 진입한다. 화학물질 자체도 폐암 등을 일으킬 수 있지만, 담배에서 발생하는 화학적인 가스로 인하여 산소함유량을 낮추어서 혈중산소 함유량을 저하시켜 심근세포, 혈관근세포, 뇌세포의 미토콘드리아의 활동을 저하시킨다. 따라서 담배는 심근경색, 뇌경색, 관상동맥질환, 동맥경화를 일으키는 주원인이 되고 있다. 한 마디로 혈액의 산성화와 노폐물 축적에 의한 독성화로 인한 각종 질환이 발병하는 것이다.

아일랜드의 수도 더블린(Dublin)에서는 1990년에 석탄의 판매를 금지한 이후 폐질환으로 인한 사망률이 크게 감소하였다고 한다. St. James's Hospital의 크랜시(L. Clancy) 교수는 석탄의 판매를 금지한 이후, 호흡기계 질환으로 인한 사망자수가 크게 감소하였다고 보고하였다(15% 감소). 이러한 변화는 석탄의 판매금지조치를 시행한 후 겨울부터 바로 나타나기 시작하였다고 『The Lancet』지에 발표하였다. 한편, 네덜란드 Utrecht 대학의 호크(G. Hoek) 박사는 공기오염물질의 농도가 높은 지역인 길가에 거주하는 노인들의 경우, 큰길에서 떨어진 곳에 사는 사람들에 비해 심장 및 폐질환으로 사망할 가능성이 두 배나 높은 것으로 나타났다고 한다. 폐포에 들어온 각종 석탄가루 및 배기가스가 산소의 흡입과 이산화탄소의 배출을 방해하는 동시에 혈액을 산성화하고 독성화시켜서 사망하게 한다는 것이다.

공기 속에 있는 각종 이물질이 호흡기능을 저하시키고 동시에 혈액의 산성화와 독성화를 초래할 수 있다. 도시화로 인하여 거주 공간 내 공기의 질은 대폭으로 저하하여 유해한 각종 먼지와 화학물질이 있다. 밀폐된 공간의 실내공기는 산소부족, 과도습도, 과소습도, 곰팡이, 음식조리와 담배 등에 의한 화학물질, 건축재료로부터 발생하는 유해물질, 실외로부터 유입하는 배기가스의 유입 등으로 인하여 위험수준에 있다. 최근 사망원인을 보면, 암, 심질환, 뇌질환이며, 그 중에 폐암의 사망률이 상승곡선을 타고 있으며, 노인성 폐렴에 의한 사망률도 상당히 높다.

실내의 공기오염으로부터 깨끗한 실내환경을 만들기 위해서 실내공기의 습도와 온도의 유지와 오염물질 제거가 필요하다. 자연환기, 환기선설치, 냉난방기기의 가동에 의한 습도나 온도의 안정, 공기정화기(팬식, 헷퍼필터식, 전기집진식) 등을 사용하는 방법이 있다. 다만, 이와 같은 방법만으로 공기의 질은 근본적으로는 변하지 않는다.

담배연기 등의 냄새를 제거한다는 명목으로 오존식 공기청정기가 있지만 기관지에 상당히 심각한 염증을 일으키고, 혈액과 조직에 활성산소를 증가시켜 각종 장애를 일으키는 원인이 된다. 오존($O_3$)은 산소($O_2$)와 산소원자($O$)가 합쳐져서 형성된 물질로 강력한 산화물질이며 대부분 자동차로부터 배출되는 질소산화물과 탄화수소가 햇빛과 반응하여 다른 오염물질과 함께 생성된다. 이렇게 형성된 오존이 기후 조건에 의해 상공으로 확산되지 못하고 정체해 있으면 광화학 스모그를 형성하여 대기오염의 주범이 된다. 오존의 증가는 자동차 배기가스의 증가를 의미할 수도 있으므로 대기오염의 지표가 될 수 있다. 오존은 강력한 산화물질로서 반응력이 강해 접촉하는 물질을 산화시켜 손상을 준다.

호흡기는 항상 대기에 노출되어 있어 가장 손상을 많이 받는다. 높은 농도의 오존에 노출되면 상기도가 반사적으로 수축을 일으켜 호흡이 힘들어지고 기침이나 두통이 나타나며 여러 생리반응이 억제된다. 또한 오존은 물에 잘 녹지 않으므로 호흡시 폐의 깊은 곳까지 들어가서 염증과 폐부종을 일으킬 수 있으며, 노출이 심한 경우 호흡곤란을 일으켜 실신하게 된다. 오존의 농도와 노출되는 기간에 따라 인체에 미치는 영향이 다르다. 0.05ppm의 오존농도에서 냄새가 나고, 0.1ppm이 넘으면 눈, 코, 목에 자극증상이 생기며, 운동신경기능과 학습능력의 저하와 호흡기 감염에도 잘 걸린다. 장기간 노출되면 시력장애와 숨이 답답함을 느끼고 두통도 호소한다. 이러한 오존의 영향은 흡연을 하거나 심한 운동을 하면 더욱 심하게 나타난다. 가정에서 사용하는 오존식 공기청정기를 잘못 사용하면 기관지와 폐포에 심각한 영향을 줄 수 있다. 폐가 혈액에 미치는 영향 때문에 주거생활 공간인 실내환경을 적절한 습도와 온도와 환기량만 개선해 주어도 피로감이 상당히 덜어진다. 다음은 폐렴과 폐결핵과 기관지천식과 폐부종을 가진 전형적인 혈액사진 패턴이다.

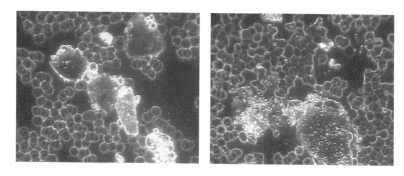

[기관지천식과 폐렴의 혈액 패턴]

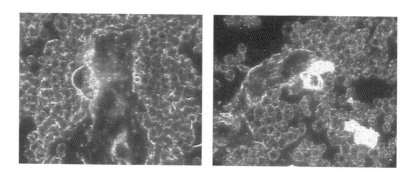

[폐결핵과 폐부종의 혈액 패턴]

# 2. 혈액의 산-알칼리 평형을 조절하는 폐

혈액(세포외액)은 정상범위에서 수소이온의 농도가 약 40nmoles/l이며, pH로 말한다면 7.4 정도이다. 건강한 사람의 경우에 그 변화의 범위는 1nmole정도밖에 되지 않는다. 병적인 상태가 되면 pH 6.9에서 pH 7.7 사이에서 올라갔다 내려갔다 한다. 혈액의 pH변화를 조절하는 것이 산-알칼리 평형 시스템이며, 세포와 신장과 폐라고 할 수 있다. 이러한 조절 시스템은 입력과 출력을 조절함으로써 평형을 유지한다. 입력물질과 출력물질은 바로 수분자($H_2O$), 이산화탄소($CO_2$), 수소이온($H^+$), 수산화분자($OH^-$), 중탄산분자($HCO_3^-$)라는 네 가지이다. 물과 음식이 몸 안으로 흡수되는 과정에 이러한 네 가지의 물질들이 움직이면서 혈액의 pH농도를 조절한다.

$$pH = \log \frac{1}{[H^+]mol/1}$$

$$pH = pK(6.1) + \log \frac{[HCO_3^-]mmol/1}{[CO_2]mmol/1}$$

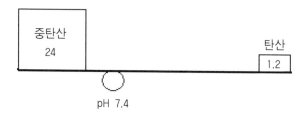

pH농도는 수소이온과 탄산이온이 많아지면 낮아지고, 중탄산이
많아지면 높아진다. pH 7.4 를 유지하기 위하여 혈액 내 중탄산
은 24mmol, 탄산이 1.2mmol이 있어야 한다.

세포대사활동을 통해서 발생하는 산성인 수소이온은 알칼리성
인 중탄산과 결합하여 이산화탄소와 물을 만든다. 폐가 정상적
으로 작동한다면 이산화탄소를 배출하여 혈액이 약알칼리성을
유지할 수 있도록 산-알칼리 평형을 조절한다.

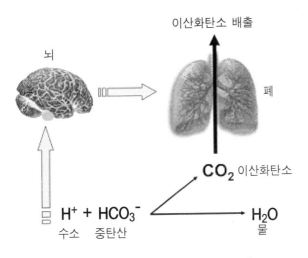

이산화탄소 배출

뇌

폐

$CO_2$ 이산화탄소

$H^+ + HCO_3^-$　　　　　$H_2O$
수소　중탄산　　　　　　물

**[호흡조절에 의한 수소이온 처리]**

그림과 같이 몸 안에 발생한 수소이온($H^+$)은 중탄산($HCO_3^-$)과 결합하여 이산화탄소와 물을 만든다. 이산화탄소가 폐를 통하여 배출됨으로써 혈액의 산-알칼리 평형이 조절된다. 수소이온의 증가가 체내에 일어나면 뇌세포가 감지하여 자극이 일어나면서 폐가 건강한 상태이면 환기를 증가시켜서 혈중의 적혈구가 실어 나르고 있는 이산화탄소의 배출을 촉진한다. 독성화나 감염이 되지 않는 폐포를 가진 폐가 정상적일 때 수소이온을 중화시키는 중탄산이 기초적으로 증가한 수소이온을 중화시킨다. 따라서 체내에 중탄산이 풍부하고, 수소이온이 적을수록 혈액은 약알카리성으로 건강한 상태를 유지한다. 체내에 있는 산성인 수소이온($H^+$)을 처리하기 위하여 폐와 신장은 상호작용을 한다. 폐가 이산화탄소를 배출할 때, 동시에 신장은 중탄산을 재생시키면서 수소이온을 배출하는 상호작용을 한다.

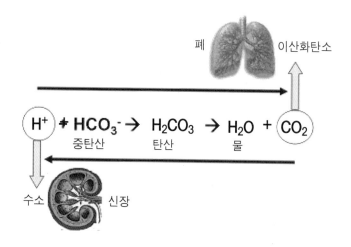

**[산-알칼리 평형조절을 위한 폐와 신장의 상호작용]**

폐와 신장은 그림과 같은 방향으로 상호작용한다. 탄산을 만드는 과정은 같지만 폐에서는 반드시 수소이온과 중탄산을 결합시키고, 신장에서는 물과 이산화탄소를 결합시킴으로써 각각 이산화탄소와 수소이온을 외부로 배출한다. 폐와 신장이 정상적으로 작동하지 못하거나 상호연동하지 않게 되는 원인으로서 탈수와 산성수 및 산성물질의 과도한 섭취가 있다. 탈수가 일어나면 수소이온과 이산화탄소의 배출능력이 급격히 저하되면서 혈액 안에 노폐물이 증가하는 동시에 폐는 외부 공기에 의한 감염의 위험이 생기고, 신장은 과도한 산부하 상태로 인하여 기능부전이 일어나게 됨으로써 결국 혈액의 독성화가 가속화되는 것이다. 호흡장애와 관련된 산-알칼리 평형조절의 이상은 이산화탄소의 배출능력에 있어서 이상을 말하는데, 무호흡증환자. 감기, 급성폐렴 또는 만성기관지염 등에 의하여 발생하는 호흡부전이 일어나면 산소의 흡입능력이 저하하고 이산화탄소량의 배출능력이 저하하는 동시에 물이 과도하게 신장을 통해서 빠져나가면서 혈중 이산화탄소와 수소이온이 증가하여 혈액은 산성화되는 것이다. 물론 신부전이 일어날 때도 동일한 산성화의 상태가 일어난다.

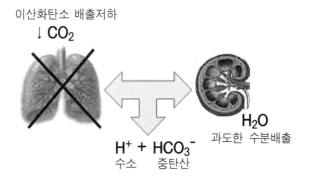

[폐기능부전으로 혈중수소이온의 증가]

혈액의 산성화는 세포대사성부전, 신장부전, 폐기능부전에 의하여 일어나며, 이러한 뿌리에 만성적인 탈수와 산성수와 산성식품의 섭취와 독성화와 감염 등을 들 수 있다. 한편, 세포대사성, 신장성, 폐기능성에 의한 혈액의 과도한 알칼리화도 있지만, 대부분의 병례는 혈액의 과도한 산성화에 의한 것이다.

혈액의 농도를 알칼리성으로 유지하기 위해 폐와 신장이 상호 연동을 하는 점을 반드시 이해하여 둘 필요가 있다. 담배 연기는 단순히 폐만 나쁘게 만드는 것이 아니고, 연동하는 신장에도 과부하를 건다는 것이다. 반대로, 고식염이나 화학물질로 신장에 과부하가 걸리면 폐에도 이상이 생긴다는 점이다.

# 3. 혈액환경에 영향을 주는 공기의 질

공기는 수분자($H_2O$), 질소($N_2$), 산소($O_2$), 이산화탄소($CO_2$), 아르곤(Ar), 기타 물질로 구성되어 있다. 질소는 약 74~78%, 산소는 20~21% 정도로 거의 고정되어 있다. 도시, 농촌, 사막, 산,

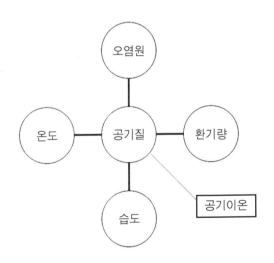

**[공기질에 영향을 주는 요인]**

바다에 따라 차이가 있지만, 기본적으로 공기의 내용은 크게 바뀌지 않는다. 현대의 생활공간은 대부분 밀폐되어 있으며, 공기의 질은 온도, 습도, 환기량, 오염원에 좌우된다.

공기환경을 오염시키는 오염원은 담배연기, 화학물질, 일산화탄소, 이산화질소, 오존, 각종 병원균(세균, 바이러스, 곰팡이)을 들 수 있다. 오염원은 공기 내 산소함유량을 저하시킨다. 또한 습도와 온도의 고저, 환기의 유무에 따라서 공기의 질은 현저하게 바뀌어진다.

안정호흡을 할 때 폐내의 공기용적은 약 2.5리터이며 폐포 내의 가스구성비는 호식시, 흡식시에 비하여 큰 차이가 없다. 대기압은 760mmHg이며 대기에 있는 질소, 산소, 이산화탄소 등의 가스분압은 조성비에 비례한다. 건조상태에서 0℃의 대기에 포함하는 산소의 조성비는 21%이며, 산소분압은 $PO_2 = 760 \times 0.21 = 160mmHg$, 이산화탄소분압은 $PCO_2 = 0.3mmHg$이고, 질소, 이산화탄소도 동일한 방식으로 계산될 수 있다. 폐 안에 있는 폐포기는 수증기로 포화되어 있으며, 폐모세혈관 내의 혈장가스의 분압과 평형상태이기 때문에 폐포기의 산소분압($PO_2$)은 100mmHg, 이산화탄소분압($PCO_2$)은 40mmHg 정도로 대기에 비해서 산소분압은 낮고, 이산화탄소분압과 수증기분압은 높은 상태이다.

**[대기와 폐포기의 조성비와 성분가스분압]**

| 가스 | 대기 | | | | 폐포기 | |
|---|---|---|---|---|---|---|
| | 0℃ | 건조상태 | 37℃ | 수증기포화 | 37℃ | 수증기포화 |
| | 조성비(%) | 분압(mmHg) | 조성비(%) | 분압(mmHg) | 조성비(%) | 분압(mmHg) |
| $N_2$ | 78 | 600 | 74 | 563 | 75.4 | 573 |
| $O_2$ | 21 | 160 | 20 | 150 | 13.2 | 100 |
| $CO_2$ | 0.04 | 0.3 | 0.04 | 0.3 | 5.3 | 40 |
| $H_2O$ | – | – | 6.2 | 47 | 6.2 | 47 |
| 합계 | 100 | 760 | 100 | 760 | 100 | 760 |

정상인은 혈중의 산소분압이 감소하고 이산화탄소분압이 증가하면 화학수용기를 거쳐서 호흡중추가 자극되어 환기가 증가한다. 이 때 혈액가스 성분의 이상은 교정되고 호흡상태도 본래로 돌아간다. 그러나 담배를 지나치게 피우거나 만성적인 기관지천식 또는 기관지염, 폐렴 등으로 기도나 폐포벽의 병태에 의해 가스통과장애와 혈액성분의 이상에 의해 산소나 이산화탄소의 운반이 원활하지 않을 때 호흡중추가 강하게 흥분하고 있음에도 불구하고 혈액가스의 이상은 교정되지 않는다. 이러한 상태가 되면 모든 호흡근육은 총동원되면서 빠르면서도 깊은 호흡운동을 계속한다. 폐환기량이 안정시의 2~3배 증가하면 경도의 호흡촉진이 있고, 폐환기량이 너댓 4~5배 되면 호흡곤란이 일어난다. 이러한 호흡곤란은 호흡기 자체의 호흡부전, 심장질환(울형성심부전), 폐부종에서 일어나기도 한다. 특히 폐부종은 심부전이 일어

날 때, 폐모세혈관압이 높아져 폐포 내에 액체가 침투하고 폐포가 물이 차는 상태를 말하며, 산소와 이산화탄소의 교환에 심각한 지장이 일어난다.

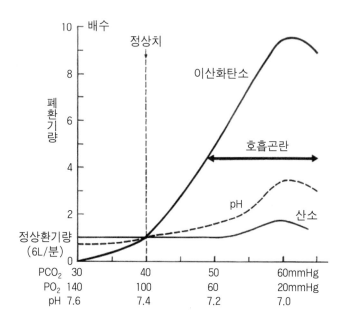

[동맥혈의 이산화탄소분압, 산소분압, pH레벨과 환기량의 관계]

혈액이 항상 pH 7.4를 유지하기 위해서 폐기포 내의 산소분압이 100mmHg, 이산화탄소분압이 40mmHg, 수분자분압이 47mmHg가 되는 것이 가장 이상적이라 할 수 있다. 폐기포 내에 병원균에 의한 감염, 담배와 같은 유독 화학물질에 의한 염증, 수분부족으로 인한 탈수 등으로 인하여 이산화탄소량이 증가하면 혈액의 pH는 낮아져서 산성화되면서 호흡이 곤란해진다. 따라서 기관지 축소나 폐기포 염증이 생기지 않도록 알러지에 대한 대책을 수립하여야 한다. 각종 알러지 물질이 침입하면 마스트세포에서 히스타민이 분비하게 되는데, 지나치게 분비하면 기관지 축소나 염증 등의 과민반응이 일어나게 된다. 또한 폐포의 염증으로 인하여 산소흡입량이 낮아지고 이산화탄소의 배출능력이 낮아지면 체내온도가 상승하고 pH농도가 낮아져서 면역기능의 저하가 일어나면서 병원균(박테리아, 바이러스, 곰팡이)의 활동성이 활발해진다. 이것을 방치하면 폐렴이 되어서 고통을 받게 된다. 자연이 아닌 실내 거주공간에서 공기를 깨끗이 하면서 공기의 질을 바꿀 수 있는 방법이 없는가에 대하여 많은 연구가 시도되어 왔다. 제습기가 등장하기도 하고, 먼지 자체를 없애는 집진장치도 있다. 공기의 질 자체를 바꾸어 폭포 근처나 숲 속에 있는 듯한 느낌을 줄 수 있으면서도 기관지와 폐포 내에 있는 박테리아와 바이러스를 항균할 수 있는 공기질 개선장치 개발에 관한 여러 가지 시도가 있다.

대기 중에 음이온 공기가 단순히 공기질을 바꾸는 정도가 아니고 강력한 살균효과가 있다는 것을 밝힌 사람은 미국버클리대학의 크루거(A. Krueger) 박사였다. 1950년부터 1970년대에 이르기까지 줄기차게 음이온 공기가 생리학적인 효과이 있다는 것을

『네쳐지』,『일반생리학회』,『생체대기학회지』등에 연구성과를 발표하여 왔으며 음이온 공기가 대기 중에 존재하는 미생물을 감소시키는 항생력이 있다는 것을 실증하였다.

1979년에 마켈라(P. Makela) 박사팀은 "화상치료병동의 입원실에 있는 박테리아를 음이온 공기로 감소시킬 수 있다."는 연구결과를 발표하였다. 그래프에 나와 있는 바와 같이 약물내성균이자 치사율이 대단히 높은 포도상구균에 대하여 음이온 공기를 2주 동안 방사하여 포도상구균이 대폭 감소하는 것을 알았으며, 음이온 공기를 방사하지 않았던 입원실은 포도상구균이 대폭증가한다는 것을 관찰하였다.

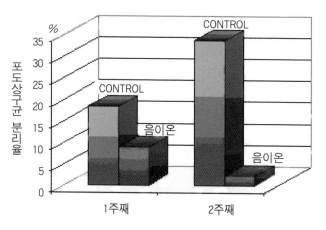

[화상치료병동 입원실의 포도상구균에 대한 음이온 방사효과]

1994년에 미첼(B. Mitchell) 박사는 음이온 공기가 동물의 사육장 내에서 전염성이 강한 뉴캐슬바이러스를 살균하는 데 효과가 있다는 연구성과를 『조류질환학회지』에 발표한 적이 있다. 조류독감이 극성인 상황에 음이온 공기만으로 뉴캐슬바이러스를 살균할 수 있다는 연구보고서는 상당히 의미 있는 일이라 할 수 있다. 이러한 연구결과에 의거하여 각종 음이온발생장치가 등장하게 되었다. 현재 가정에서 많이 사용되고 있는 것이 고전압방전을 통하여 오존을 발생시키는 오존식 공기청정장치가 있다. 고전압방전을 응용한 오존식 공기청정장치는 정전기효과로 다량의 음이온을 발생하고 소음이 전혀 없다고 하지만 대기 중에 지속시간이 매우 짧고 독성물질인 오존과 산화질소 등을 배출한다는 결점이 있다.

[오존식 공기청정장치]

한편, 필터식과 오존식을 겸용하여 만든 것인 필터-이온식 공기청정기가 있다. 필터-이온식 공기청정기는 팬을 이용하여 공기를 끌어 당겨서 공기 속에 있는 먼지를 제거하는 동시에 공기필터로 처리하지 못하는 화학물질을 오존가스로 처리하는 장치이다.

[공기필터-이온식 공기청정기]

음이온 공기가 대기 중에 존재하는 병원균을 살균할 수 있다는 것은 분명한 사실이다. 문제는 기존의 음이온을 발생하는 장치들이 기관지에 상처를 주는 화학적인 가스로 알려진 높은 농도의 오존과 산화질소를 발생하는 점이다. 자연에 존재하는 정도의 소량의 오존농도는 문제가 없지만, 사용빈도가 높아져 플라즈마방전을 하는 전극에 문제가 생길 때 고농도의 오존이 발생하거나 환기가 되지 않는 겨울철의 밀폐된 공간에서 저농도의 오존이 발생하여도 폐기능이 저하하고 폐세포의 염증이 생길 우려가 있기 때문에 주의를 하여야 한다. 특히 폐의 기능이 약화된 신생아와 노인은 경미한 오존량에도 폐기능이 약화될 수 있기 때문에 주의하여야 한다.

[오존방출 공기청정기]

수년 전 한국 KBS방송국 '추적 60분'에서 건강한 20대 남녀 22명을 그룹으로 나눠 각각 1시간, 2시간, 4시간씩 안전기준치의 오존농도(0.05ppm)를 넘지 않은 상태에서 오존발생 공기청정기와 함께 생활하게 한 뒤 폐기능검사를 한 결과 실험 대상자들의 폐활량이 2% 감소했으며, 1초당 최대유속량(내쉬는 숨)이 6% 줄어들었다는 보도를 하여 상당히 많은 논란을 불러 일으킨 적이 있었다. 최근, 미국, 일본, 한국의 소비자단체의 조사에 의하면 기존 전기방전식 공기청정기의 오존발생 문제가 심심찮게 거론되고 있다.

의학적으로 음이온 공기가 살균과 항균작용을 하는 것은 분명하지만 음이온 공기 생성 장치가 문제라는 것을 알 수 있다. 오존을 발생하지 않고, 안전한 음이온 공기를 실내 공간에서 생성 할 수 있는 장치가 요구된다. 실내공간의 대기(공기)를 깨끗하게 하는 정도가 아닌 혈액에 좋은 영향을 주는 이상적인 공기의 질로 바꾸는 것이 중요하다. 제1장의 혈액과 물에서 혈액에 가장 큰 영향을 주는 것이 물(수분자)이라고 하였다.

흡입하는 공기 속에 있는 미세한 수분자가 음전하를 가지면서 '기도→ 기관지→ 폐포→ 혈액'을 통과할 때 혈액의 농도와 성질에 영향을 줄 것이다. 즉, 공기의 질을 바꾸는 데 있어서 물의 생성을 이용하는 것이 가장 이상적이다.

# 4. 혈액방어와 수분자결합 음이온 공기

　물이 떨어지는 폭포 근처에 가면 굉장히 상쾌한 기분을 느낀다. 무엇인가 표현할 수 없는 시원한 느낌을 줄 것이다. 또한 운동을 한 후에 샤워를 할 때도 비슷한 기분을 갖는다. 사람의 몸이 70%가 물로 채워져 있기 때문에 친수성으로 표현하는 사람들도 있지만 공기 중에 뿌려진 물방울이 무엇인가 특별한 활동을 하는 것이 아닌가에 대하여 물리적으로 증명한 과학자가 100년 전에 있었다. 그는 레나드(P. Lenard) 박사라는 과학자로 공기가 전하를 가지고 있다는 것을 세계 최초로 실증하여 논문으로 발표하였다. 레너드 박사는 폭포 근처의 대기가 음전하(음이온 공기)를 가진 공기라는 것을 공식으로 확인하였다. 수분자가 어떤 고체에 강력하게 분사되어 분쇄되면 폭포효과가 일어나면서 대기를 음이온화시킨다는 이론이며 레나드효과(Lenard's Efffect) 또는 폭포효과(Effect of water fall)라고 불리고 있다. 한 마디로 대기 중의 수분자가 음이온 또는 양이온으로 나누어지는 원리를 물리적으로 설명하고 실증하였던 것이다.

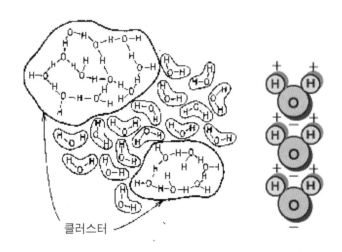

**[클러스터를 이루고 있는 수분자의 수소결합]**

수분자($H_2O$)는 단독으로 존재하는 것이 아니며, '클러스터(cluster)'라는 복수의 수분자 결합형태로 존재한다. 물의 클러스터는 평균 12개의 분자로 결합되어 있으며, 마찰과 진동 에너지가 가해지면 수분자는 미세하게 분열되면서 수분자 클러스터가 작아진다. 수분자 클러스터가 최소화된 공기를 흡입하면 폐의 기관지에서 산소와 이산화탄소 등의 기체를 용해할 수 있는 용해도가 높아진다. 클러스터가 작은 물분자가 많이 있는 곳은 바로 폭포 근처이다.

[폭포효과]

비교적 근래인 1994년에 라이터(R. Reither) 박사는 수분자가 대기 중에 분사될 때 수분자가 품고 있는 이물질에 따라서 음이온 공기와 양이온 공기로 나누어진다는 것을 확인하였다. 공기이온의 극성은 수분자와 결합하고 있는 화학물질에 따라 좌우된다는 것이다. 예를 들면, 염소가 들어 있는 수분자는 양이온화되고, 순수한 물이나 알칼리성 물은 음이온화된다는 것을 밝혔다. 최근 연구논문(2007년)에서 헬싱키대학의 락소(L. Laakso) 박사팀은 폭포 근처에 있는 소입사 공기이온(2nm)이 가장 많은 음이온을 발생하고 있다는 사실을 확인하였다. 락소 박사는 폭포 근처에서 음이온(1.5~10nm)의 수량은 5410[cm$^{-3}$]이고, 양이온의 수량은 562[cm$^{-3}$]정도이며 자연에 존재하는 폭포효과의 실제 음이온수의 사이즈와 음이온수를 보고하였다. 레나드효과를 실내에서 재현한다는 원리를 바탕으로 수년 전부터, 독일에서 개발한 물레방아식으로 풍차를 돌려서 가습효과로 공기를 정화하는 장치가 있다. 실제 음이온 발생 여부를 필자의 연구팀이 조사해 보았지만 음이온의 발생이 전혀 없었다. 밀폐된 공간에서 장시간 가동하였을 때 미세한 가습효과를 제외하고는 특별한 기능이 없다는 것을 확인한 적이 있다. 앞에서 언급한 연구보고서에서도 단순한 물의 이동이나 증발로는 수분자가 클러스터화가 되지 않는다고 확인하고 있다.

습도가 극히 낮은 건조한 겨울에 실내공기에 미세한 가습효과를 주어서 공기의 질을 개선하는 약간의 효과는 기대할 수 있지만 장치가 음이온은 발생하지 않는다.

[물레방아식 공기청정기]

레나드의 폭포효과를 실내 공간에서 그대로 재현하는 수분자 결합 음이온 생성장치가 있다. 동경대학교 생리학연구실과 IBC 연구소와 ICC웰연구소가 공동으로 개발한 초음파 진동자를 이용한 기능생리적인 수분자결합 음이온 공기생성장치가 있다. 2000년부터 일본 국내에 발매되어 20만 대 정도가 보급되어 있다.

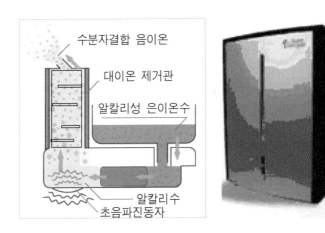

[기능 생리적인 음이온 공기 생성기]

겉모양으로 보기에는 초음파 가습기의 모양을 하고 있지만 물성적인 특성은 전혀 다르다. 일반 온열식 가습기 또는 초음파식 가습기는 음이온이 거의 발생하지 않으며 수분자 사이즈가 큰 양이온 공기이다. 양이온은 생리학적으로 교감신경활동을 흥분시키며 혈액을 산성화시키는 것으로 알려져 있다.

 기능 생리적인 음이온 공기생성기는 알칼리성 은이온수를 사용하고 있으며, 알칼리성 은이온수에 대하여 2.0MHz의 초음파 진동자로 수분자를 분쇄하여 기화시키는 것을 특징으로 하고 있다. 생리학적인 효과가 있는 초미세한 음이온 공기만을 생성하도록 한 것이다. 용존산소가 풍부하고 항균성 은입자를 함유한 알칼리수를 원수(原水)로 사용하고 있기 때문에 원수의 안전성을 확보하고 있으며, 천연항균성과 항생성이 강한 음이온과 은이온을 품은 미세한 수분자결합 공기를 생성할 수 있다. 1m³의 유리박스에 있는 황색포도상구균에 대하여 은이온이 함유된 기능생

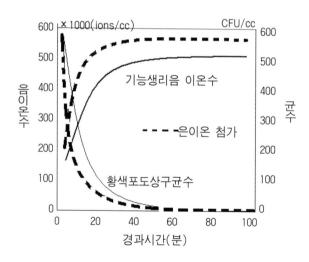

[기능생리 음이온 공기 생성기에 의한 음이온수 변화]

리 음이온 공기(최고 50만 개)의 주입에 따른 변화를 실험해 보았을 때 20분 내에 황생포도상구균은 급감하면서 60분에 95% 이상 살균된다는 것을 관찰할 수 있었다.

음이온 공기 자체의 효과도 있지만 은이온을 첨가하였을 경우 음이온수량도 10만 개(1cc당)가 더 증가하면서 황색포도상구균 수가 급격히 감소한다는 것을 알 수 있다. 기능생리 음이온 공기에 포함되는 은이온은 강력한 천연항생효과를 가지고 있다. 은이온이 녹아 있는 알칼리수는 부작용과 약물내성을 가진 항생제들과는 달리 부작용이 없는 천연항생효과를 가진 것으로 미국식약청이 설립되기 전인 1930년대까지 광범위하게 사용되었다. 은이온수는 천연물질이기 때문에 공기나 물과 같이 특허가 나올 수 없고 경제적인 이득이 되지 않는다는 이유로 페니실린과 마이신 등의 항생물질이 본격적으로 나오자 자취를 감춘 적이 있다. 하지만 항생제가 나오기 시작한지 50년 정도가 되자 전세계적으로 기존의 항생제가 먹혀들여가지 않는 각종 약물내성균들이 나오기 시작하였다. 페니실린과 메티실린과 반코마이신에 대한 약물내성균이며 패혈증에 걸리게 하는 치사성 박테리아로 황색포도상구균(Staph, Staphylociccos aureus), 결핵균(TB, Tuberculosis), 폐렴연쇄구균(Strep, Streptococcus Pneumoniae) 등이 있다. 과거에는 항생제로 간단하게 처리될 수 있었던 것이 이제는 약물내성으로 인하여 60% 이상이 치료가 되지 않는다.

그런데 놀랍게도 50년 전에 사라졌다고 생각하였던 은이온수(콜로이드 실버수라고도 함)가 약물내성이 전혀 없는 천연항생효과를 가지고 있는 것으로 알려져 폭발적으로 재등장하게 된 것이다. 문제는 99.999%의 순도를 가진 은전극으로 은이온수를 만들 수 있느냐는 것이다. IBC연구소와 뉴욕주립대학은 공동으로 99.999%의 고순도를 가진 은전극을 사용하여 용존산소가 풍부한 알칼리성 은이온수를 생성하는 생성장치를 개발하였다(참고: 『알칼리성 콜로이드실버』, 배문사, 주기환, 2007년). 생성장치를 통해서 만들어진 은이온수는 마시거나 바르거나 흡입할 수 있도록 한 것이다.

은이온수는 무독성이다
은이온수는 마실 수 있다
은이온수는 알칼리이온수이다
은이온수는 체내외 항균성이다

[IBC USA가 개발한 알칼리성 은이온수생성기]

은이온이 박테리아에 가해지면 박테리아의 세포막이 세포벽으로부터 분리되면서 세포막 내에 은이온이 침투하여 DNA가 파괴되면서 단백질의 재생이 정지상태가 된다. 은이온은 급격하게 증식하는 악성 박테리아에 대하여 강력한 억제효과를 가지고 있다고 할 수 있다. 은이온이 박테리아를 억제하는 동작은 미량동작용(微量動作用, oligodynamic action)으로 은이온이 세포질에 들어 있는 황과 결합, 산화환원계를 저해함으로써 박테리아의 증식을 억제한다. 은이온을 품은 수분자결합 음이온 공기는 대기 중에 떠돌아다니는 박테리아와 바이러스에 대하여 항균작용을 하는 것은 물론이고, 피부표면, 구강, 비강, 기도, 기관지, 폐포내벽에 기생하면서 증식하는 병원균에 대해서 강력한 항생작용을 가지고 있다.

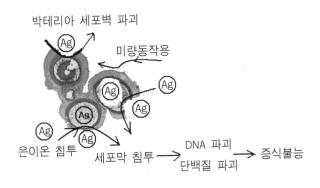

[은이온의 항생작용]

항생제의 내성문제가 본격적으로 거론되기 시작한 1978년 『사이언스 다이제스트』를 통해서 콜로이드 실버수(은이온수)가 약 650종류의 병원균에 대한 항균 및 살균효과가 있다는 기사가 실려 일반인들에게 다시 주목을 받기 시작했다. 1990년대에 들어와 항생제의 약물내성 문제가 심각하게 등장하기 시작하자, 은이온수에 대해서 본격적인 관심이 생기기 시작하면서 병원균에 노출되기 쉬운 만성질환자와 허약자를 중심으로 콜로이드 실버를 사용하는 일이 급격하게 증가하여, 미국식약청(FDA)은 은이온수를 일반 건강보조식품으로 판매하는 것에 대해서 허용하고 있으며, 일본이나 한국에는 법 자체가 없는 상황이다. 미국식약청은 미국의 국가산업이라 할 수 있는 항생제산업을 보호하기 위하여 미국식약청이 섭립되기 전(1938년)에 일반인들에게 항생제로 광범위하게 사용되었던 콜로이드 실버수에 대해서 이렇다 할 제재를 가하지 못하다가 1999년에 은이온 입자가 주성분인 콜로이드 실버수가 처방약이나 매약으로는 약국에서 팔지 못하지만 건강보조식품으로는 허용하고 있다.

한편, 미국식약청은 은이온이 대량 용출되면서 항균과 살균효과를 지니고 있는 '실버론(Silverlon)'이라는 화상치료용 제품에 대하여 의약품 제조 및 판매를 1999년에 허가하였다. 현재 대부분의 화상치료 전문병원에서는 제2차적인 감염방지 및 약물내성균의 치료를 위하여 은이온을 대량 방출하는 실버론과 의약제품를 사용하고 있다(뒷면 사진 참조). 콜로이드 실버수의 주성분인 은이온이 항생효과가 없다고 하면서 화상치료병원에서 사용하는 은이온방출붕대나 액에 대한 의약품제조 및 판매를 허락하는 이중잣대를 취하고 있는 것이다.

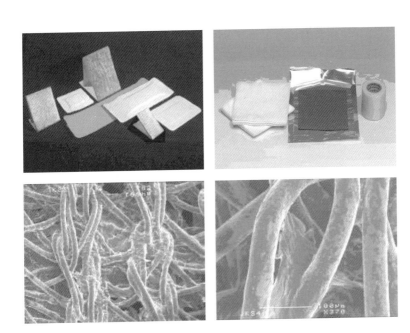

[화상치료용 은이온용출패드와 은이온침착 섬유]

미국식약청에 제출한 실버론의 임상보고서의 내용을 보면 실버론이 접촉하고 있는 화상 부위에 은이온을 대량 방출하도록 하여 각종 박테리아, 특히 치사성을 가진 약물내성균인 황색포도상구균 및 녹농균을 완전히 살균하는 효과가 있음을 서술하고 있다. 실버론을 제출한 기초실험과 임상실험의 결과에 따라 미국식약청이 치료용 약품제로서 그 제품의 제조와 판매에 대한 허가를 해 주고 있는 것이다.

1999년에 미국식약청은 서로 모순되는 기준을 발표한 것이다. 은이온을 함유한 어떤 물도 치료효과가 없다고 콜로이드 실버수에 대하여 주의를 환기시키면서, 화상치료용 은이온 방출 붕대는

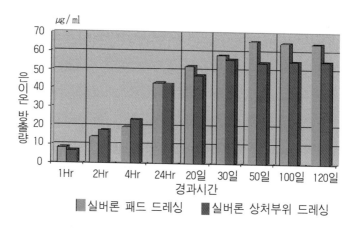

**[실버론의 은이온 방출량]**

의약치료 제품으로 인증해 준 것이다.

실버론 패트에서 방출되는(드레싱) 은이온량은 두 시간이 경
과하는 사이에 약 15$\mu$g/mL (0.015ppm, 0.015mg/L) 정도 방출
되며, 한 달 정도에 50$\mu$g/mL(0.05ppm, 0.05mg/L) 정도가 방출
되는 것을 알 수 있다. 미국환경국이 정하고 있는 은성분에 대한
1일 경구투여량이 0.014mg/kg이라는 사실을 고려해 본다면 피
부에 용출되는 은성분이 10~65$\mu$g/mL라는 양은 결코 적은 양이
아니다. 은이온의 방출이 항생제에 대한 내성을 지닌 황색포도상
구균과 같은 치사적인 박테리아를 살균할 수 있는가를 나타낸 결
과가 다음쪽의 그래프이다. 황색포도구균(MRSA)과 녹농균
(Pseudomonas aeruginosa)이 실버론 패드에서 방출되는 은이온

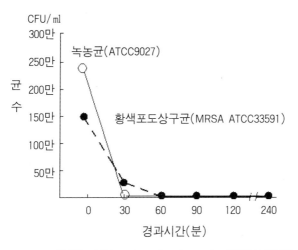

（참고: CFU＝colony forming unit, 세균형성단위）

**[실버론 패드의 항생효과]**

으로 말미암아 한 시간 정도에 완전히 살균되는 것을 관찰할 수 있다.

다음면의 사진은 심한 화상을 입은 어린이의 발에 은이온을 방출하는 실버론 패드를 정제수에 적셔서 7개월 동안(1998년 7월 ～1999년 2월 23일) 치료한 전후의 상태를 보여 주는 것이다. 사진에 나와 있는 바와 같이, 화상부위에 대량의 은이온을 대량으로 장기간 흘러나오도록 하였던 것이다.

화상을 심하게 입은 환자는 화상 자체로 생명을 잃는 것보다 피부를 통하여 치사적인 박테리아의 감염에 의한 것이 훨씬 많다.

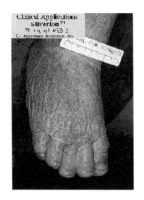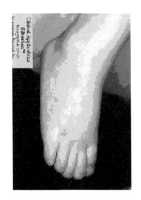

**[실버론의 화상치료효과]**

은이온을 함유한 콜로이드 실버수(은이온수)가 치료효과나 항생효과가 없다고 하면서 실버론 패드와 같은 은이온 대량 방출붕대를 미국식약청이 왜 화상치료용으로 허가를 해 줄 수밖에 없는지는 의미심장한 일이다.

은이온이 독성을 가지고 있다거나 접촉을 해서는 안 될 금속이라고 한다면, 은단, 은수저, 은그릇의 사용을 금지시켜야 할 것이다. 종합비타민- 미네랄 보조제를 보면, 한 말에 구리는 2mg, 철은 16~20mg이 들어 있다.

은과 구리와 철의 독성을 비교하면 은이 가장 안전하다. 그런데 미식약청이 은을 구리나 철보다 훨씬 위험하다는 식의 권고성 보고서를 발표한 의도는 미국의 국가 경쟁력 산업이라고 할 수 있는 항생제 산업을 보호하기 위한 경제 논리에 의한 정책임을 알 수 있다.

# 5. 은이온을 함유한 기능생리 음이온 공기의 실제적인 효과

　기능생리 음이온 생성장치는 알칼리성 은이온수의 물에 초음파진동력을 부여해 초미세분쇄하면서 미세한 물방울로 기화시켜서 은이온과 음이온을 품은 생리적으로 유익한 공기를 생성한다. 발생한 이온수의 성질과 극성을 조사하면 다량의 음이온 발생과 함께 공기를 알칼리성으로 기능화하는 것을 관찰할 수 있다. 그 주된 특징으로 다음과 같은 것을 들 수 있다.

① 알칼리성 수분자결합 음이온 발생(30만 개/cc 이상)

② 항생효과를 가진 은이온을 함유(0.5ppm)

③ 상대습도를 인체에 적절한 범위(40~60%)로 유지

④ 잡음 및 기계적인 진동이 없음

⑤ 인체에 유해한 화학부산물(오존, 산화질소 등)을 일체 발생시키지 않음

⑥ 공기 중 부유물질에 대한 수분자의 특성(표면장력, 용해력)

을 이용한 공기정화효과

⑦ 정전기나 전자파발생이 일체 없음

외부에서 세포외액으로 들어오는 수분의 통로는 입과 장관이
며, 배출은 피부, 폐, 장관, 신장이고, 극소량의 공기 중 수분이 가
스의 형태로 산소와 질소와 함께 폐를 통해서 진입한다. 피부나
폐에 있는 체액이 사라지면 조절이 불가능한 외부적인 수단에 의
존한다. 예를 들면, 건조한 저온의 공기가 있는 고산지대를 등산
하는 등산가들은 저산소증을 겪고 탈수가 일어난다. 또한 뜨거운
열대지방에서 대량의 땀으로 인하여 탈수상태가 되기도 한다. 이
러한 탈수의 상황이 벌어지면 피부표면, 구강, 비강, 기도, 기관
지, 폐포내벽의 점막이 건조하여져 이물질을 용해하거나 배출하

는 능력이 급감하여 박테리아 또는 바이러스가 증식하는 요인이 되기도 하고, 결국 폐렴이 되는 경우가 많다. 수분자결합 음이온 공기는 미세한 수분자를 분쇄시킨 공기이기 때문에 적절한 가습 효과와 더불어 천연 항생효과가 있는 것으로 알려진 은이온과 대량의 음이온을 함유한 공기이다. 즉 피부표면과 '비강-기도-기관지-폐포'의 내벽이 건조하지 않도록 하는 동시에 은이온과 음이온을 접촉시키는 것이다.

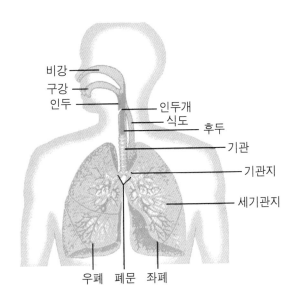

[호흡기의 통로와 구조]

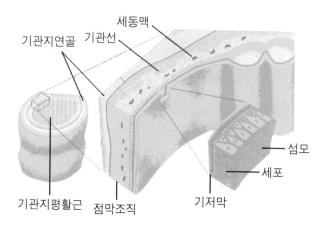

세동맥
기관지연골 기관선
기관지연골
섬모
세포
기저막
기관지평활근 점막조직

**[기관지의 점막과 구조]**

## (1) 알러지성 피부염의 개선

　알러지의 원인물질은 알려진 것만 하여도 약 600종류가 된다. 만성알러지는 불치병으로 알려져 있으며 현재 병원에서는 항히스타민제, 항생제, 항염제 등의 연고, 복용약, 주사약으로 대처하

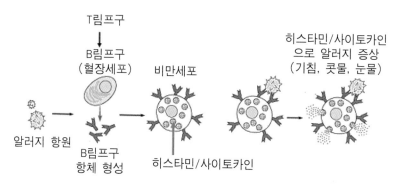

T림프구
B림프구
(혈장세포)　비만세포
히스타민/사이토카인
으로 알러지 증상
(기침, 콧물, 눈물)
알러지 항원
B림프구
항체 형성　히스타민/사이토카인

**[알러지과민반응의 과정]**

고 있다. 문제는 이러한 것은 임시처방에 불과하며, 결국 혈액을 산성화 및 독성화시켜서 면역의 기능을 저하시켜 약의 효능이 떨어지면 다시 재발하는 악순환을 겪는다.

피부, 호흡, 음식을 통해서 각종 알러지 항원물질(화학적 · 물리적)이 들어오면 T림프구는 혈장세포인 B림프구에게 명령을 하여 항체를 형성하여 비만세포에 부착된다. 비타민세포는 항체에 의하여 포획된 알러지 항원물질을 쫓아내기 위하여 히스타민과 사이토카인을 분비한다. 히스타민과 사이토카인이 항원물질을 분해하여 체외로 배설을 원활하게 하면 문제가 되지 않는데, 탈수와 과도한 알러지 항원물질이 겹쳐진 경우에는 알러지과민 반응이 일어나게 되는 것이다.

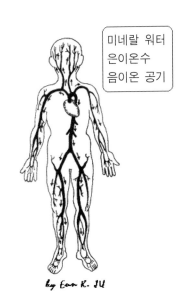

미네랄 워터
은이온수
음이온 공기

by Eon K. JU

심한 탈수가 되면 항원물질을 배출할 수 없게 되어 히스타민과 사이토카인의 분비는 더욱 많이 일어나 심한 기침, 콧물, 피부염증 등이 발생한다. 과민반응을 치료하기 위하여 복용하는 항히스타민제나 항생제나 항염제는 비만세포, T림프구, B림프구의 활동을 억제시켜서 임시방편적으로 기침과 콧물과 각종 피부염증을 치료하도록 하는 것이다. 이것을 장기적으로 복용하게 되면 면역기능의 감소는 물론이고, 약물내성이 생겨서 포도상구균, 폐렴균, 감기바이러스에 감염되면 돌이킬 수 없는 생명의 위협을 받기도 한다. 은이온을 품고 있는 기능생리 음이온 공기를 흡입하게 되면 '폐 → 기관지 → 폐포'를 통과하면서 기관지벽과 폐포벽 내에 있는 박테리아와 바이러스를 억제하고 폐포벽을 통과하여 모세혈관 안으로 진입하여 혈액 안에서 증식하는 박테리아와 바이러스와 산화물질의 증식을 억제하는 기능을 하게 된다.

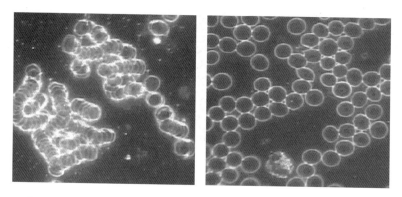

[기능생리 음이온 공기의 흡입 전(좌측)과 매일 6시간씩 2주간 동안 흡입 후(우측)]

성인의 경우, 평균 6시간 이상 수면을 취하는 시간에 들어 놓게 되면 기능생리 음이온 공기를 흡입하여 치료효과를 기대할 수 있는 것이다. 혈액학적인 관찰을 통해서 흡입 전과 흡입 후를 비교해 보았다. 앞쪽의 혈액사진은 암시야현미경으로 찍은 사진이다.

혈액사진에 나와 있는 바와 같이 구슬 모양은 적혈구, 적혈구보다 3배 정도 큰 덩어리는 백혈구이다. 심한 알러지를 겪고 있는 혈액의 혈장에 하얀 점과 같은 알러지 원인인자들이 있으며 약의 흔적이 있고, 적혈구는 뭉쳐져 있다. 전형적인 탈수와 산성화와 알러지 원인인자가 있는 혈액의 상태이다. 이러한 혈액상태의 환자에게 매일 은이온수(400cc), 미네랄 워터(1.5리터), 취침 중(약 6시간 이상)에 기능생리 음이온 공기를 흡입하자, 혈액의 형태가 정상화되고 알러지 원인인자가 급감해 있는 것을 알 수 있다. 추가로 비타민 C, 비타민 E, 비타민 B군, 칼슘 등의 면역에 관련된 보조제를 섭취하면 어떤 심각한 알러지도 근본적인 뿌리를 제거할 수 있다.

## (2) 기관지천식의 개선

기관지천식환자는 온도와 습도와 면역의 기능이 조금이라도 변하면 심한 기침과 기관지축소로 호흡부전이 일어나 심할 경우 사망하는 일도 있다. 따라서 중증의 천식환자들은 항생제와 항염제와 기관지확장장제를 상시 복용한다. 문제는 이러한 항생제와 항염제와 기관지 확장제는 상당히 많은 부작용과 약물내성을 가지고 있다는 점이다. 가장 이상적인 치료는 면역기능을 증가시켜서 히스타민의 과도분비로 인한 기관지축소가 일어나지 않도록 하여야 하는데, 역시 탈수와 관련이 되어 있다. 천식의 원인은 다양한 것으로 알려져 있고, 아직 그 원인은 해명되지 않고 있다. 면역기능의 저하, 자율신경활동의 저하, 내분비이상, 스트레스, 탈수 등 복합적인 원인이 있는 것으로 알려져 있다.

기능생리 음이온 공기는 천연항생효과를 가진 은이온입자를 품고 있기 때문에 장시간 흡입하였을 때 기관지 내벽과 폐포 내벽의 점막에 있는 이물질을 수분자 클러스터의 용해력과 표면장

력으로 분해하면서 은이온 입자가 박테리아와 바이러스의 증식을 억제할 수 있다. 특히 공기가 건조하지 않도록 미세한 수분자 클러스터로 습도를 유지하여 주기 때문에 탈수에 의한 체온의 증가로 천식이 일어나는 것을 방지할 수 있다.

## (3) 우울증의 개선

조울증, 우울증의 정확한 원인은 아직까지 규명되지 않고 있으며, 환자들은 뇌신경물질을 조절하는 약을 복용하고 있다. 예를 들면, 세로토닌이 부족하면 우울증이 생긴다고 보고 세로토닌을 증가시키는 약을 투약한다. 문제는 이러한 뇌신경물질을 조절하는 약들의 부작용이 상당히 심하며, 일평생 먹는 사람들도 있고, 결국 간질, 발작, 자살충동 등으로 불행한 삶을 사는 사람들이 많다. 인간의 세포는 약 60조 개로 이루어져 있고, 피부세포는 1개월 반, 뼈세포는 약 4~5년, 적혈구는 약 120일, 백혈구는 약 10일 주기로 교체된다고 한다.

뇌세포는 영구세포로 20세 성인이 된 이후로 파괴는 있지만 재생은 되지 않는다고 하는 것이 일반론이다. 담배와 술, 산성수, 산성식품, 환경오염물질, 각종 약을 비롯한 화학물질이 일반 세포를 공격하거나 세포활동부전을 만들어도 재생력이 있기 때문에 문제가 없지만, 영구세포인 뇌세포를 손상시키면 회복할 길이 없다. 예를 들면, 치매로 알려진 알츠하이머와 같은 뇌세포손상에 관련된 질환은 현대의학으로서는 고칠 길이 없다고 보고 있다. 따라서 수많은 부작용을 수반하는 뇌신경물질을 억제하거나 증가시키는 항조울증치료제, 항우울증치료제, 항간질치료제의 장복은 결코 바람직하지 않다. 현재로서는 선택의 여지가 없다고 하지만 혈액을 통해서 전달되어지는 화학물질이 결국 혈액 안에 잔유하고 있게 되면 뇌세포를 손상시킨다는 사실을 이해할 필요가 있다. 미국콜롬비아대학 정신학과 연구팀은 겨울에 나타나는 계절적인 우울증환자를 치료하는 데 음이온 공기가 개선효과가 있다는 것을 『정신의학회지』에 발표하였다. 거주공간, 자동차 내, 사무실, 취침 중에 기능생리 음이온 공기를 흡입하게 되면 세로토닌이나 맬라토닌과 같은 뇌신경물질의 분비가 안정되며, 자율신경활동 중에 흥분시키는 교감신경이 안정되고 부교감신경활동이 증가하면서 안정된 상태가 된다.

## (3) 감기증상의 개선

감기 바이러스에 감염되면 해열제 또는 진통제로 열을 내리거나 통증을 완화시킬 수 있지만 바이러스를 살균할 수 있는 어떤 항생제도 존재하지 않는다는 것이 의학적인 상식이다. 따라서 충분한 휴식과 영양의 보급을 통해서 자연적인 면역기능의 상승만을 기다릴 뿐이다.

항생제를 함부로 투여하면 체내에 약물내성으로 인하여 나중에 다른 박테리아에 감염되면 항생제 투여 효과가 없다. 기관지를 통해서 전염된 바이러스에 대해서 은이온과 음이온은 강력한 살균효과가 있다. 감기 바이러스가 인체에 침투하면 열이 상승하면서 활발한 면역작용이 일어난다. 이러한 과정에 심한 탈수가 일어나 혈액이 산성화되면서 노폐물의 배출기능이 감소하고 체내 나쁜 박테리아가 증식하여 복통과 두통을 유발하고 심하면 폐렴으로 발전할 수 있다. 따라서 먼저 적절한 수분의 공급을 반드시 하여야 한다. 수분공급시에 콜로이드 실버수(은이온수)를 첨가하는 동시에 은이온이 들어 있는 기능활성 음이온 공기를 흡입시키는 것은 감기증상의 완화에 뛰어난 효과가 있다.

기관지를 통해서 흘러 들어간 은이온과 음이온은 살균 및 구강, 비강, 기관지, 폐포 내부에 침착하면서 점막을 부드럽게 하고

기관지가 축소되지 않도록 하며, 염증이 발생하지 않도록 막아
주거나 염증에 작용하여 세포재생을 하도록 한다. 또한 감기증상
에서 오는 발열로 인하여 심한 탈수가 있을 때, 미네랄 워터의 음
용과 수분자 결합 음이온 공기를 흡입할 때, 탈수를 방지할 수 있
다.

## (4) 두피건강과 발모효과

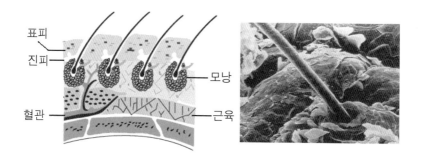

[두피의 구조]

모발과 두피는 밀접한 관계가 있다. 두피는 표피, 진피, 피하조직으로 구성되어 있으며, 모발은 모낭에서 만들어지고, 모근이 피부 안에 박혀 있는 구조로 되어 있다. 모발은 젤라틴이라는 단백질과 비수용성 아미노산으로 되어 있으며, 모발의 성장은 모낭에서 일어난다. 눈에 보이는 모발은 죽은 단백질의 상태이다. 모발의 관리는 모발 자체보다도 모근이나 모낭의 자극과 청결과 혈관으로부터의 영양보급이 중요하다. 따라서 모발과 두피는 분리된 것이 아니고 하나라고 생각해야 한다. 모낭에서 세포분열이 반복되면서 모발은 성장하고(활동기), 세포분열이 정지하면 모발의 성장은 정지하며(퇴행기), 세포의 성장이 정지하면 모발은 빠지면서 모낭에서는 또 다른 새로운 신모가 생기기 시작하는 과정이 있다.

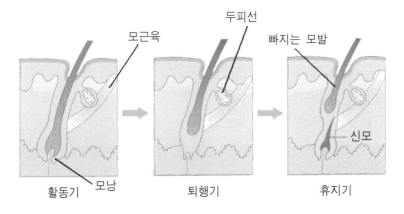

[모발의 성장과 재생과정]

모발이 가늘고 비듬이 많아지면서 빠지는 모발의 수가 100개 이상(보통 50~60개)이 되면 탈모가 시작된다. 비듬은 두피의 표피가 각질화되어 기존의 세포가 새로운 세포로 바뀌어지는 과정에 두피에 남아 있는 잔유물인 것이다. 비듬은 신진대사와 세포분열이 활발한 상황에서 일어나는 것으로 두피의 재생 자체는 전혀 문제가 되지 않는다. 문제는 비듬량이 급격하게 증가하면 산성화되어 노폐물이 증가하여 두피에 염증이 생기고 지방성 피부염이 생기면서 탈모가 본격적으로 시작되는 것이다. 특히 혈액이 산-알칼리 평형을 조절하는 과정에 소변, 대변, 호흡, 땀으로 산성노폐물을 배출하게 되는데, 지나친 지방식과 산성식품과 산성수의 음용은 두피에 산성노폐물의 증가를 가속화시킬 수 있다. 또한 고식염식과 고지방식은 탈수를 가속화하여 두피의 피하에 있는 혈류량의 저하를 초래하여 영양결핍에 의한 모근의 약화로 탈모가 일어나는 경우도 많다.

따라서 대부분의 탈모방지제에는 혈류를 개선하는 에탄올(알코올) 등이 들어 있다. 탈모증의 종류는 선천성탈모증과 후천성탈모증이 있다. 선천성탈모증은 유전이며, 두발의 형태가 결정되어 있으며, 선천적으로 머리카락의 수가 적은 상태이다. 후천성탈모증은 여러 가지 원인들이 있으며, 원형탈모증 등은 자각증세도 없이 시작된다. 탈모의 진행상태를 발견하는 것은 간단하지 않으며, 갑자기 탈모가 진행된다.

남성탈모증은 남성호로몬의 변화에 의해서 일어나는 경우가 많으며, 유전인자와 겹쳐져서 머리가 재생하지 않는 케이스이다. 여성탈모증은 일정한 형태가 없고, 머리 위의 한 중간에 모발이 가늘어지면서 탈모가 진행되며 호르몬분비이상, 약물, 다이어트, 스트레스, 과도한 산성음식의 섭취에 의하여 발생하는 것으로 알려져 있다. 약물에 의한 탈모증은 항암제, 항생제, 호르몬제 등의 부작용으로 화학물질이 머리의 성장과 발육과정에 영향을 주어서 일어난다. 특히 항암제에 의한 탈모는 세포분열의 증식억제작용에 의한 것이며, 두피의 피하조직에 흐르는 혈액성분에 악영향을 주어 모발의 영양장애가 일어난다.

정신적인 스트레스와 혈액의 산화에 의해서도 탈모가 발생되며, 수술, 출산, 소모성질환, 만성질환, 영양결핍, 만성피부염도 원인이 된다. 호르몬을 분비하는 내분비계의 이상에 의한 탈모도 있으며, 갑상선기능저하증을 가진 환자는 탈수에 의하여 모낭에서부터 모발이 건조하여 가늘어지고 파괴되면서 탈모가 된다. 또한 당뇨병 환자의 경우에도 탈모가 일어나며, 아토피성 피부염의 환자도 탈모증상을 가진다.

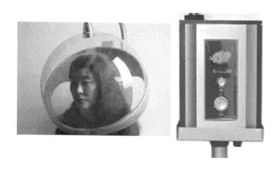

[기능생리 음이온 공기 생성장치, IBC연구소, ICC웰코리아연구소]

[기능생리 음이온 공기생성장치와 발모촉진제를 사용한 발모촉진효과,
사용 전(좌)과 사용 후(우)]

　　알칼리성 은이온이 함유된 기능생리 음이온 공기를 머리에 방사하면 모근을 약화시키는 주된 원인이 되는 체액의 산성화를 방지하고, 모세혈관을 자극하여 혈류를 촉진한다. 두피의 미세한 염증에 대해서 은이온입자가 자극함으로써 세포의 재생기능을 가지고 감염에 대한 방어기제로 작용한다. 모낭이 휴지기일 때 알칼리성 은이온과 음이온 공기의 자극은 모낭에서 일어나는 세포재생에 중요한 역할을 할 수 있다.

## (4) 후각장애증의 개선

　후각이상은 후각과민성증가증, 후각감퇴증, 후각탈실, 후각착오증, 후각환각 등으로 나눌 수 있다. 비강의 통로에 문제가 있을 때 생기는 호흡성후각장애가 있다. 비강의 점막이상이 있을 때 생기는 점막성후각장애가 있으며, 냄새를 감지할 수 있는 능력이 사라지는 것으로 만성부비강염(축농증)이 생길 때 일어난다. 또한 신경에 이상이 생길 때 발생하는 신경성후각장애도 있다. 이러한 후각장애증을 고치기 위하여 수술요법이나 스테로이드호르몬요법이 있지만 재발되는 경우가 많다. 특히 탈수증이나 면역기능의 저하가 있는 사람은 이러한 후각장애증에 시달린다. 기능생리 음이온 공기를 1개월 정도 수면시간(6~7시간)에 방사하였을 때 축농증이나 점막건조증에 시달리는 대부분의 사람들이 개선되었다는 체험보고를 들을 수 있다.

　K씨는 호텔요리사(40세, 도쿄 거주, 남성)이다. 화분알러지로 매년 봄철이면 고통을 받았는데, 과도한 약의 복용에 의한 부작용으로 만성적인 축농증이 걸리게 되었다. 단순히 축농증에서 끝나면 문제가 없는데, 음식의 냄새를 전혀 맡을 수 없었다. 온갖 약을 먹어 보았지만 냄새를 맡을 수 있는 능력이 사라져 음식을 만들기가 어려웠다. 음식의 맛을 안다고 하지만 실제 후각이 훨씬 정확하다고 한다. 냄새는 일반적으로 단백질기체이며 후각상

피의 후각수용체의 자극과 후각신경을 통해서 뇌의 측두엽 후각
중추에 전달된다. 후각상피가 축농증이나 감염으로 인하여 기능
을 상실하게 되면 냄새를 제대로 맡지 못한다.

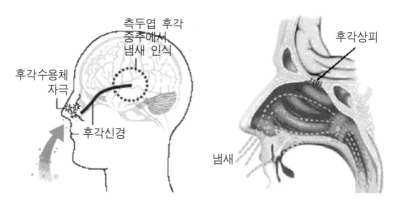

**[후각감지의 경로]**

K씨는 기능생리 음이온 생성기를 3개월 동안 사용하였다. 잠
자는 시간만 사용하기 때문에 특별한 조치를 취할 필요도 없었
다. 사용 후 1개월 정도 경과하자 냄새를 맡을 수 있는 능력이 조
금씩 재생되어 2개월이 경과하자 불면증, 안구건조증, 알러지, 기
관지천식, 자율신경실조증까지 개선되면서 축농증이 완전히 사
라지게 되었으며 3개월 경과 후 후각능력이 거의 회복되었다.

## (5) 기타 종합적인 개선효과

음이온을 함유한 수분자 결합 음이온 공기는 무호흡증, 불면증, 아토피성피부염, 각종 알러지 증상, 편두통, 만성피로증, 안구건조증, 폐렴, 폐결핵, 기관지천식, 축농증, 불안증, 각종 신경통증, 피부건조증에 대해서 종래의 치료법과 병행할 때 탁월한 효과를 기대할 수 있다. 은이온을 함유한 기능생리 음이온 공기는 병원 입원실 등 감염에 노출된 공간에서 사용할 때 항균이라는 속효성도 있지만, 오랫동안 앓았던 만성적인 증상을 개선하기 위하여 적어도 4개월 정도 지속적으로 흡입하여야 실제적인 효과를 기대할 수 있다. 공기생성기는 취침할 때 사용하는 것이 가장 이상적이지만, 일하는 공간과 생활공간에 두어서 사용하여도 좋다. 일반 초음파 가습기를 구입하여 큰 수분자를 제거하는 장치를 부착하여 알칼리성 은이온수를 사용하여도 비슷한 효과를 볼

수 있다. 또한 알칼리성 미네랄 워터, 알칼리성 은이온수, 천연비타민과 미네랄보조제의 섭취와 병행할 때, 건강개선과 예방에 많은 도움이 된다.

**혈액건강 Tips**

육체의 생명과 질병은 동일한 장소인 피 안에 있다. 혈액은 영양소의 이동, 노폐물의 배출, 면역이라는 기능을 가지고 있다. '이동-배출-면역'의 기능을 강화하기 위한 기초적인 방법은 다음과 같다.

① 규칙적인 운동(하루에 적어도 1시간 걷기)

② 영양섭취의 균형

③ 저식염식과 저지방식

④ 미네랄 워터의 음용(체중(kg)×33 cc)

⑤ 알칼리성 은이온수의 음용과 음이온 공기 흡입

⑥ 종합비타민- 미네랄

⑦ 비타민 C(500~ 1000mg)

⑧ 비타민 E(400~ 600IU)

⑨ 비타민 B- complex

⑩ 칼슘〈마그네슘-아연〉(600~1,200mg)

⑪ 오메가-3(1,200mg)

# 부록

[알칼리성 콜로이드실버수 생성기, IBC USA, Hunics, ICC Well공동개발]

# A-1. 암시야현미경과 혈액사진 패턴

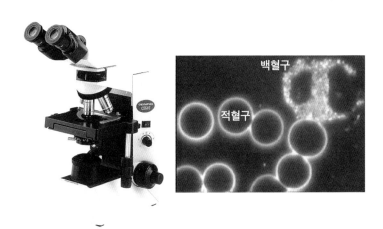

백혈구

적혈구

[암시야현미경 장치와 혈액사진]

　탈수나 각종 질환에서 벗어나기 위하여 물과 공기를 마시고 섭
취할 때에 혈액이 어떻게 변화하는가를 관찰할 수 있는 장치가
암시야현미경(dark-field microscope)이다. 필자는 공개세미나에
직접 들고 가서 세미나 중에 바로 모세관 혈액을 채취하여 참석
자들이 직접 눈으로 볼 수 있도록 대형 멀티프로젝트에 보여 주
기도 한다.

암시야현미경은 일반현미경과 비교하면 표면상으로는 별로 차이가 없는 것처럼 보이지만 관찰대상 혈액에 가하는 조명용 조절장치가 특이하다. 암시야현미경의 동작원리를 이해하는 일례가 바로 밤하늘의 달과 별이다. 밝은 대낮에는 달이나 별이 잘 보이지 않지만 어둠이 짙고 청명한 밤하늘에는 수많은 별과 달을 관찰할 수 있다. 암시야현미경은 바로 배경을 어둡게 하고 조명을 주위에 비추어 물체만을 드러나게 하는 원리를 사용하고 있다.

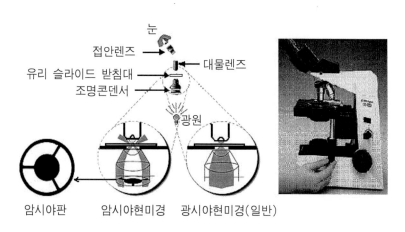

눈

접안렌즈 → ← 대물렌즈

유리 슬라이드 받침대 →

조명콘덴서 →

광원

암시야판　　암시야현미경　광시야현미경(일반)

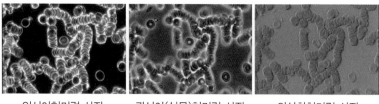

암시야현미경 사진　　광시야(실물)현미경 사진　　위상차현미경 사진

**[암시야, 광시야, 위상차현미경 사진의 차이]**

암시야현미경은 관찰대상의 물체에 빛이 직접 반사되지 못하도록 하는 암시야판을 유리슬라이드와 광원 사이에 위치시키는 것을 특징으로 하고 있다. 일반 광학현미경은 빛을 바로 비추지만 암시야현미경은 빛을 물체 주위에 물체가 드러나게 비추는 것이다.

　암시야현미경은 대물렌즈를 통한 혈액의 움직임을 접안렌즈를 통해서 직접 볼 수도 있지만 최근 대물렌즈에 확대용 줌렌즈과 컬러 CCD카메라를 부착하여 대형스크린 또는 TV모니터를 통해서 영상을 확대하여 볼 수 있다. 또한 카메라 출력부에 컴퓨터와 VCR/DVDR도 연결하여 혈액의 움직임을 장시간 녹화도 할 수 있다. 고성능 전자현미경이 사용되고 있기에 굳이 이러한 암시야현미경 장치가 필요하느냐는 의문을 가진 사람들이 있지만, 전자현미경은 고가이며, 수십만 배율로 확대하여 볼 수 있는 것은 분명하지만 암시야현미경처럼 살아서 움직이는 물체를 12시간 이상씩 장시간 관찰할 수 없다. 다음 사진들은 암시야현미경으로 관찰한 각종 혈액사진들의 패턴들이다.

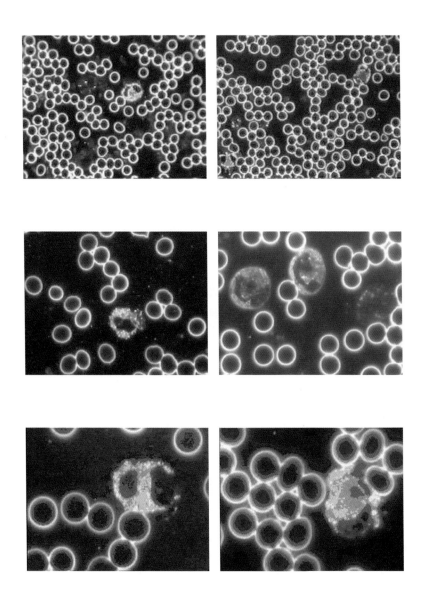

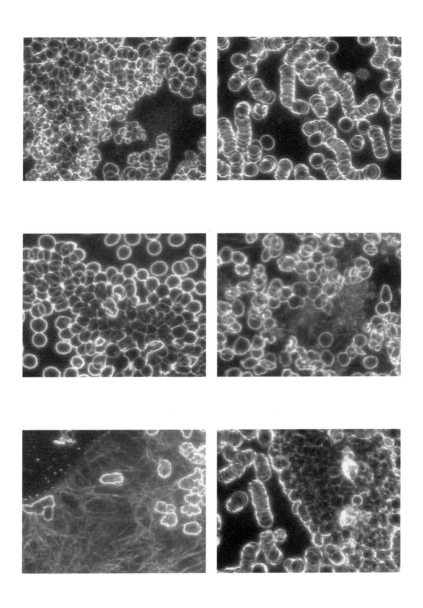

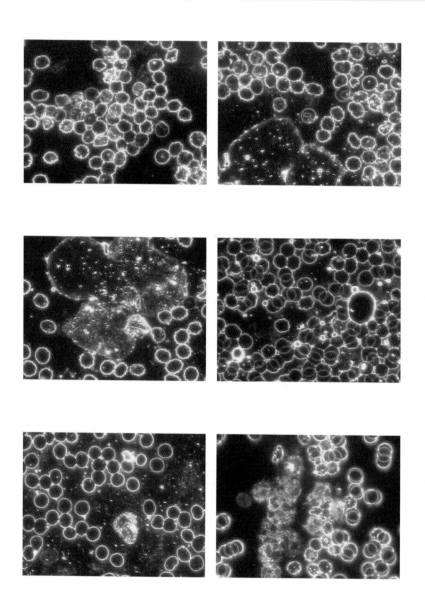

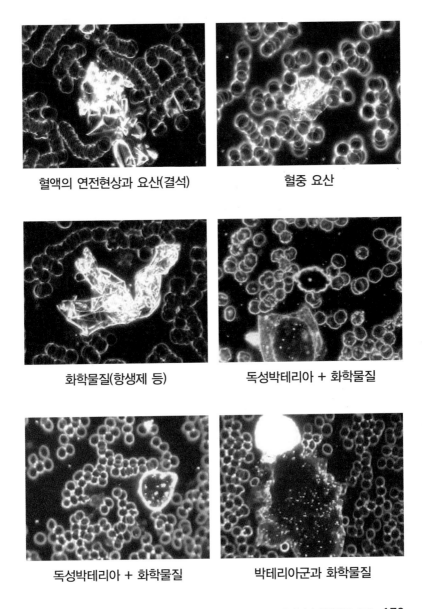

혈액의 연전현상과 요산(결석)　　　　혈중 요산

화학물질(항생제 등)　　　　독성박테리아 + 화학물질

독성박테리아 + 화학물질　　　　박테리아군과 화학물질

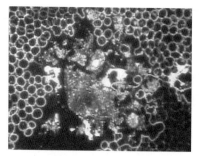

화학물질로 오염된 혈액

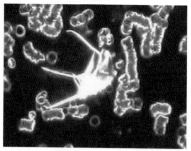

혈중 요산(결석)

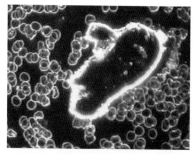

화학물질(항생제)

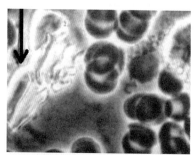

콜레스테롤에 의한 결석현상

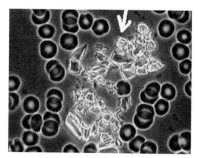

중성지방/콜레스테롤/동맥경화성

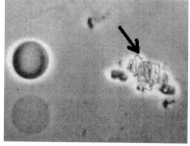

독성화학물질(안티몬, 항생제)

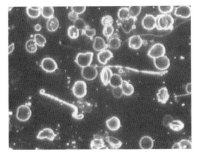

산성화–박테리아화된 혈액
(채혈 2시간 후)

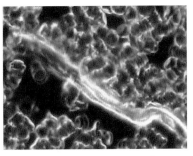

독성 박테리아형설물질

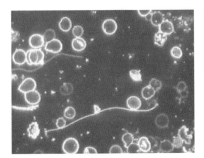

혈액의 산성화/박테리아 형성

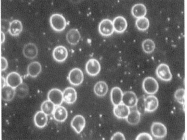

박테리아에 감염된 적혈구

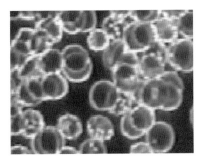

박테리아에 감염된 적혈구

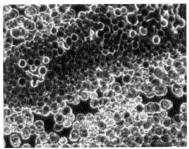

간질환 및 박테리아 감염

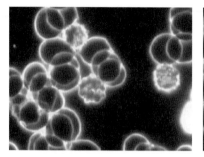

박테리아 감염된 적혈구

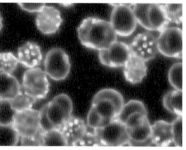

박테리아 감염된 적혈구

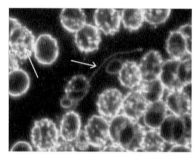

박테리아 형성과 감염 적혈구

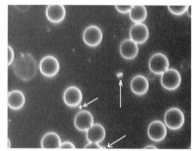

구형 박테리아 형성

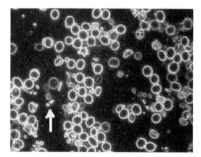

봉형박테리아/적혈구감염

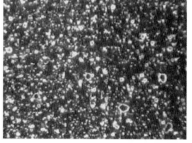

박테리아 증식과 적혈구의 분해

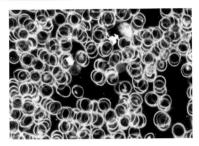

1960년생 (여) 만성정맥동염

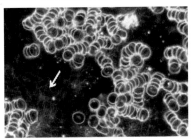

1956년생 (여) 정맥류정맥
하지혈액순환장애

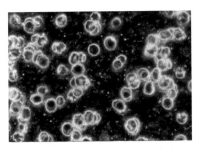

1937년생 (남) 급성기관지염

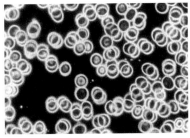

1926년생 (여) 왼쪽눈에
암종양이 있는 환자

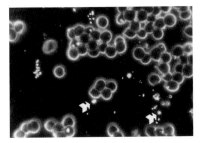

1956년생 (여) 제초제로 인한 혈액
독성화

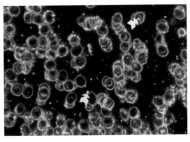

1986년생 (여) 고열환자

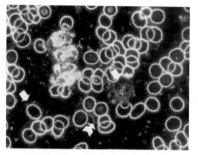

1979년생 (여) 방광염, 비염,
화분알러지

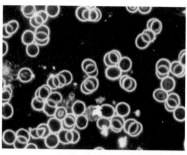

1908년생 (남) 방광암,
혈액순환장애

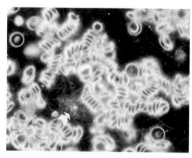

1925년생 (여) 심근경색(1972년),
혈행장애

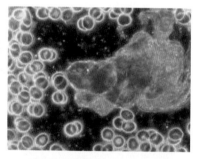

1956년생 (남) 1991년 사망
에이즈환자

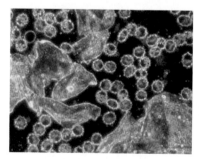

1964년생 (여) 탈모증,
아토피피부염

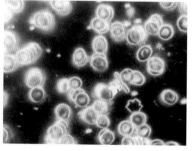

1945년생 (남) 협심증환자

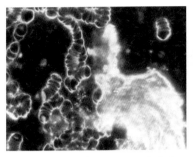

1937년생 (여) 류마티스관절염

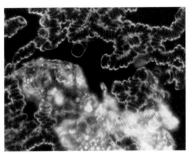

1916년생 (여) 우측 유방암,
혈행장애

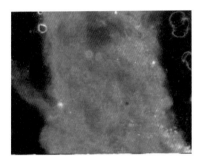

1932년생 (여) 당뇨병
(인슐린 의존형)

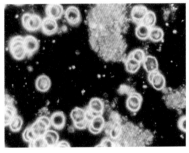

1935년생 (여) 설사, 대장게실,
세균감염

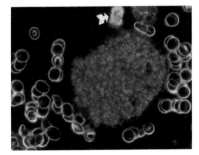

1936년생 (남) 동맥경화,
간질환과 신장염

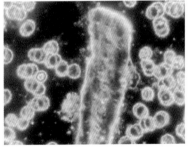

1938년생 (남) 혈전정맥염,
하지정맥류

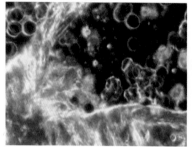

1905년생 (남) 방광암

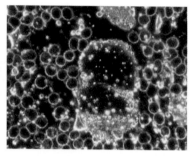

1941년생 (여) 바이러스-
세균감염, 신장염

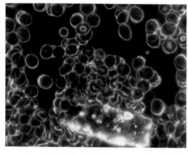

1911년생 (여) 췌장암

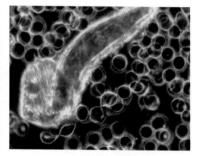

1911년생 (여) 췌장암-1

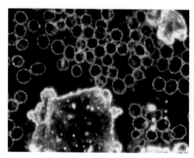

1911년생 (여) 췌장암-2

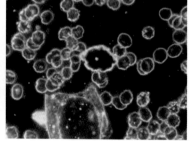

1943년생 (남) 담낭염

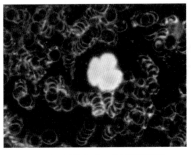

1930년생 (남) 만성췌장염

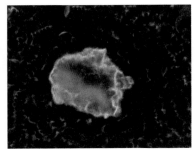

1920년생 (여) 담즙과잉증,
간장질환

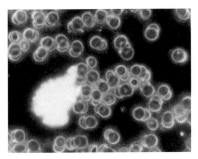

1950년생 (여) 만성관절염,
정맥류, 신장염

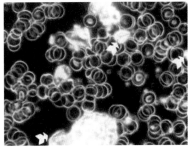

1969년생 (여) 방광염, 신장염,
정맥동염

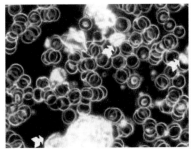

1969년생 (여) 방광염, 신장염,
정맥동염

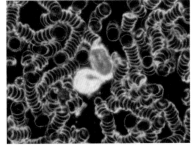

1946년생 (남) 아스페르길루스성
요산염

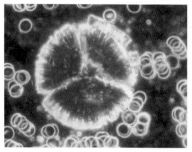

1937년생 (여) 방광염, 만성위염

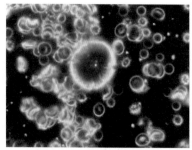

1942년생 (여) 급성방광염

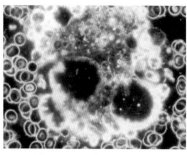

1968년생 (여) 만성방광염

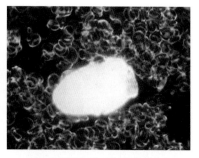

1968년생 (여) 만성방광염-1

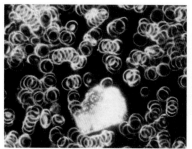

1967년생 (여) 급성 림프성백혈병

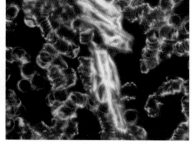

1952년생 (남) 십이지궤양,
만성정맥동염

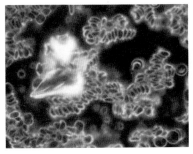

1945년생 (여) 간장과 담낭의
폐색증

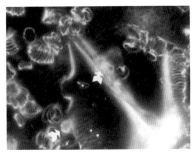

1923년생 (여) 대장암과
맹장암환자

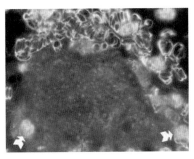

1923년생 9여) 대장암과 맹장암-1

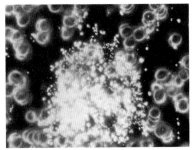

1964년생 (여) 천식, 알러지,
정맥동염

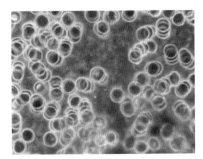

1937년생 (여) 류마티스관절염,
요산증

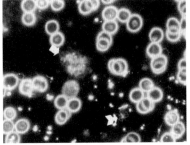

1908년생 (남), 방광암,
궤양성대장염, 협심증

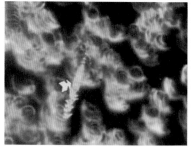

1949년생 (여) 대장암

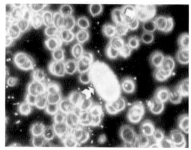

1956년생 (남), 에이즈로
1991년 사망

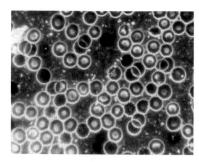

1956년 (남) 에이즈로
1991년 사망

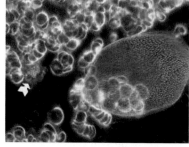

1937년생 (여) 방사선치료에 의한
복부암

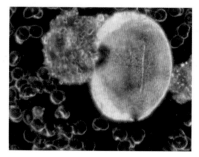

1923년생 (여) 요산염, 신장암
1990년 사망

1937년생 (남) 신부전

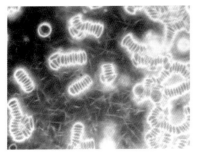

1925년생 (남) 궤양성 대장염,
혈행장애

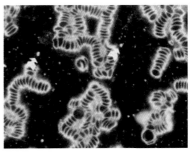

1942년생 (남) 만성 관절염,
만성정맥동염

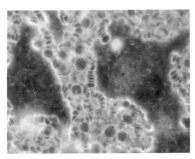

1931년생 (남) 심근경색, 뇌질환,
요산염

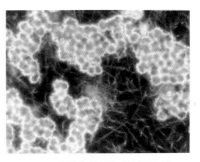

1927년생 (남) 중피부암종양

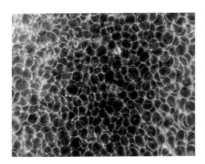

1909년생 (남) 동맥경화증,
백내장, 청력장애

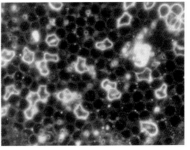

1938년생 (남) 경동맥의 경색,
뇌졸중

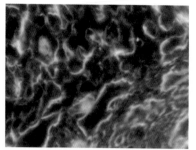

1916년생 (여) 유방암

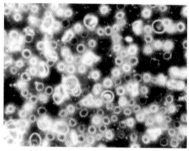

1945년생 (남) 기관지염, 대장게실

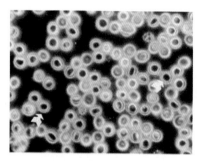

1930년생 (남) 대퇴부동맥의
국소폐색

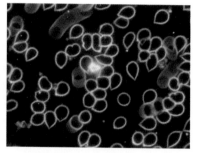

1955년생 (남) 정맥동염, 중이염,
건선

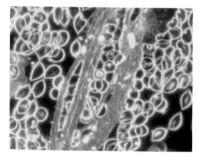

1932년생 (여) 간–담낭울혈,
대장울혈

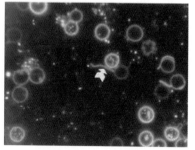

1942년생 (여) 신질환과
류마티스관절염

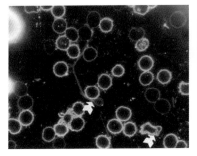

1945년생 (남) 협심증

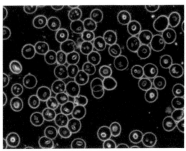

1975년생 (여) 편도선염, 알러지,
헤르페스

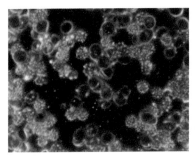

1917년생 (남), 간암과 대장암,
1990년 사망

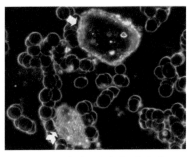

1917년생 (남) 간암과 대장암-1

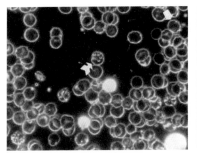

1933년생 (남) 담낭-간의 폐색,
치질, 관절염

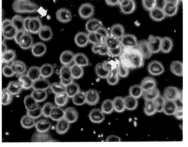

1956년생 (남) 에이즈,
1991년 사망

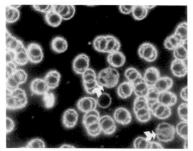

1938년생 (남) 혈전동맥염,
하지정맥괴사

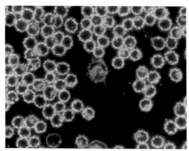

1987년생 (여) 피부염, 탈모증

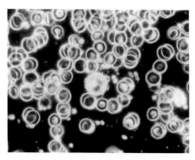

1926년생 (남) 복합-담석증,
신장염, 방광염

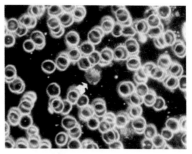

1966년생 (남) 뇌졸중, 혈행장애

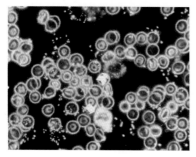

1948년생 (남) 혈행장애,
면역기능저하

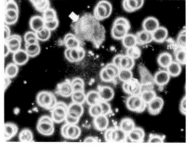

1908년생 (남) 방광암,
하지혈행장애, 협심증

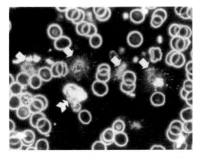

0000년생 (0) 방광암, 하지혈행
장애, 협심증-1

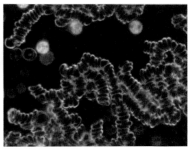

1914년생 (남) 백혈병, 골수염

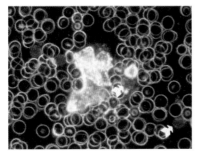

1914년생 (남) 백혈병, 골수염-1

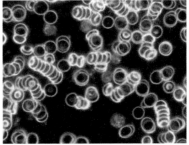

1914년생 (남) 백혈병, 골수염-2

# B. 혈액을 건강하게 기초적인 가이드라인 10 STEPS

생명의 뿌리는 혈액에 있다. 혈액의 건강은 물과 음식(에너지 영양소와 조절영양소)과 운동에 의하여 좌우된다. 혈액의 바다라고 할 수 있는 혈장은 94%가 물이며, 나머지 6%에 에너지 영양소와 조절영양소와 대사성 노폐물이 용해되어 있다. 혈액은 모든 영양소를 이동하고, 노폐물을 배출하고 면역의 기능을 가진다. 영양소의 이동과 노폐물의 배출이 정상적이 되면 세포대사도 원활하게 일어나며 외부에서 병균이 침입하여도 포획하고 제거하고 기억하는 면역의 기능도 정상화된다.

질환에 노출되어 있거나 질환예방을 하기 위하여 혈액의 고유 기능인 이동과 배출과 면역기능을 원활하게 하는 실천가능한 혈액 건강 기초 가이드라인은 혈액의 농도와 비슷한 알칼리성 미네랄 워터와 음이온과 은이온을 함유한 알칼리성 공기와 천연 소재로 된 비타민과 미네랄 보조제를 적절하게 섭취하는 것이다. 물론 에너지 영양소인 탄수화물과 지방과 단백질의 균형 있는 섭취와 하루에 적어도 한 시간 정도는 걷기 운동을 하여야 하는 것은 말할 필요도 없다.

## 1. 철저한 저식염식의 식생활을 한다.

우리나라 음식 자체가 식염이 다량으로 들어 있는 된장, 고추장, 간장, 김치, 젓갈 등으로 맛을 내기 때문에 저식염식의 식생활을 실천하는 것은 간단한 일이 아니다. 하지만 염분의 과다섭취는 칼슘의 배출과 혈관의 수축과 세포탈수를 가속화시키기 때문에 반드시 저식염식을 할 필요가 있다.

## 2. 하루에 적어도 2리터 이상의 알칼리성 미네랄 워터를 마신다.

혈액의 농도와 비슷한 알칼리성 미네랄 워터는 단순한 물이 아니다. 좋은 알칼리성 미네랄 워터 속에는 칼슘과 마그네슘과 중탄산이 들어 있다. 중탄산은 위벽과 장벽을 보호하고 위산을 중화시키며 체액을 분비와 순환을 원활하게 하여 탈수를 해소하는 중요한 역할을 하면서 혈액의 산화와 산성화를 막는다. 또한 미네랄 워터 속에 있는 칼슘은 칼슘 보급원도 되지만 담즙산과 지방산을 중화시켜 암을 예방하는 탁월한 역할을 하기도 한다. 미네랄워터의 가장 중요한 역할은 혈액의 환경을 악화시키며 만병의 근원이라고 할 수 있는 탈수를 방지하는 것이다.

## 3. 멀티비타민-미네랄 보조제를 매일 먹는다.

현재 미국시장에서 가장 싸게 많이 팔리고 있는 천연 소재의 비타민과 미네랄 보조제는 Kirkland 및 Nature Made사 등에서 나온 것이다. 성분과 성능과 제조공정에 대한 검증을 받은 USP 인증과 GMP인증을 받은 제품인가를 확인할 필요가 있다. 멀티비타민-미네랄 한 알에 하루에 필요한 25~30 종류의 각종 미네랄과 비타민 성분이 들어 있다. 현재 시판되는 멀티비타민-미네랄 보조제의 한 알 안에는 건강한 사람들이 하루에 섭취하여야 할 최소량이 들어 있다. 위염, 장염, 간염, 폐렴, 뇌졸증, 심장질환, 고혈압, 당뇨병, 동맥경화, 암, 알러지 증상, 정신질환, 항생제, 항염제, 항암제, 각종 통증 등을 가지고 있으면서 처방약을 복용한 경력이 있는 사람들은 체내 비타민과 미네랄의 파괴와 부족함이 있기 때문에 최소량이 아닌 별도로 더 많은 양의 비타민과 미네랄 보조제를 섭취할 필요가 있다.

## 4. 칼슘 1,000~1,200mg을 보조제를 매일 섭취한다.

칼슘은 체내 미네랄의 83% 정도를 차지하며, 미네랄(무기물) 중에서 가장 많은 양을 가지고 있고, 뼛속에 99% 이상이 저장되어 있다. 나머지 극소량이 혈액과 세포내액에 분포되어 있다. 칼슘의 역할은 뼈 형성, 면역기능, 체액과 각종 호르몬분비조절, 정보전달, 세포대사, 근육에너지조절, 정자운동 등에 관여하며, 칼슘이 결핍하면 일어날 수 있는 질환으로 골다공증, 동맥경화, 당뇨병, 신장결석, 고혈압, 치매, 관절염, 불임, 간질, 심질환, 뇌질환, 암 등 대부분의 질병에 관련되어 있다. 따라서 칼슘의 섭취는 단순히 뼈를 강화시키는 정도가 아니고 각종 성인질환의 예방에 절대적으로 필요하다.

음식만을 통해서 칼슘을 하루에 1,000mg 이상을 섭취하는 것은 불가능이며, 특히 한국인의 경우에 고식염식을 취하므로 칼슘의 체외배설이 심각하기 때문에 보조제로 반드시 대량 섭취할 필요가 있다. 칼슘섭취는 질환의 여부와 관련 없이 모든 사람들이 섭취하여야 할 미네랄이다. 시판되는 칼슘 한 알에는 대부분 비타민 D가 200~400IU 정도 함유되어 있다. 비타민 D는 칼슘 흡수를 돕는 중요한 물질이며, 800IU 이상을 섭취할 경우에 부작용이 예상되기에 멀티 비타민-미네랄과 칼슘제 안에 들어 있는 비타민 D의 총량이 800IU를 넘지 않도록 주의할 필요가 있다.

## 5. 비타민 B-complex를 보조제를 매일 섭취한다.

알러지, 아토피성 피부염, 간질환, 암, 위염, 소화기능에 문제가 있는 사람들은 멀티비타민-미네랄에 들어 있는 비타민 B-complex와는 별도로 강력한 항산화제인 비타민 B-complex를 섭취할 필요가 있다. 비타민 B-complex에는 8종류가 들어 있으며 구체적으로 다음과 같은 작용에 관여한다.

- B1(티아민) : 에너지대사, 신경, 근육활동조절
- B2(리보플라빈) : 에너지대사, 신경세포대사, 수정체보호, 손톱과 모발의 형성과 성장
- B3(니아신) : 에너지대사, 신경전달물질대사, 체액조절, 혈관확장, 혈중콜레스테롤조절
- B5(판토텐산) : 신경전달물질대사, 지방산조절, 부신호르몬조절, 항염작용
- B6(피리독신) : 단백질대사, 뇌신경전달물질대사, 세로토닌 분비조절, 진통작용
- B7(비오틴) : 혈구생성, 남성호르몬분비, 신경계와 골수기능조절, 모근과 피부세포대사
- B12(코발라인) : 에너지대사, 지방산조절, 비타민A조절, 적혈구생산, 뇌와 신경세포의 석탄화방지
- 엽산(폴릭산) : 조산과 유산방지, 성장호르몬조절, 적혈구생산, 항체형성조절, 면역기능, 뇌신경물질조절, 동맥경화방지,

DNA합성

생리학적으로 다양하고 중요한 기능을 가진 비타민 B-complex를 음식을 통해서 골고루 섭취한다는 것은 간단하지 않으며, 비타민 B군이 하나로 된 보조제를 섭취하는 것이 좋다. 또한 비타민 B-complex는 강력한 항산화와 면역기능을 증가시키는 데 도움을 준다. 수용성이기 때문에 미네랄 워터를 적절하게 마시게 되면 몸에 과도하게 축적되는 일은 없다. 장기간 동안 앓아 온 간질환환자들과 악성알러지 증상을 가지고 있는 환자들, 항생제와 항염제와 진통제와 제산제를 장복한 환자들, 항암치료를 받고 있는 암환자들은 체내에 있는 비타민 B-complex의 파괴가 심하기 때문에 반드시 섭취할 필요가 있다.

## 6. 비타민 C 1,000~1,200mg을 매일 보조제로 섭취한다.

비타민 C는 체내의 활성산소를 억제하는 항산화작용과 면역작용과 항염작용을 가지고 있으며, 위염, 암, 동맥경화, 류머티즘, 괴혈병 등을 예방하는 데 도움이 된다. 신경전달물질(세로토닌, 노르아드레날린)의 생산에도 관여하고 콜라겐의 형성에 도움을 준다. 철분의 흡수를 가속화시켜서 혈액을 산화시킬 수 있기 때문에 빈혈이나 항암치료를 받는 환자들은 철분제와 함께 비타민 C의 과다섭취에 주의할 필요가 있다. 비타민 C는 수용성이기 때문에 미네랄 워터를 많이 마시는 사람들에게는 하루에 적어도 1,000~1,200mg 정도를 먹는다고 해도 아무런 부작용도 없다. 음식에 들어 있는 비타민 C는 열과 접촉하면 100% 파괴된다. 따라서 조리식품을 통해서 비타민 C를 섭취하는 것은 간단하지 않으며, 채소와 과일을 통해서 하루에 1,000mg를 섭취한다는 것은 어렵다. 일반적으로 60~100mg 정도를 1일 비타민 C섭취의 권장량으로 권하고 있지만, 그 정도의 양도 먹지 않으면 괴혈병이나 각종 장애가 일어날 수 있는 최소량을 말하는 것이다. 화학적으로 합성된 비타민 C를 너무 과도하게 섭취하는 것은 위장에 손상을 줄 수도 있지만, 일반적으로 천연 Rose Hips 등에서 추출한 비타민 C 등을 하루에 1,000mg 이상을 섭취하는 것은 혈액의 건강유지에 큰 도움이 된다.

## 7. 비타민 E 400~500IU를 보조제로 매일 섭취한다.

비타민 E는 지용성이면서 항산화작용, 항염작용, 면역작용, 항체형성, 적혈구 세포막 보호, 지방산 보호, 항염작용도 하는 것으로 알려져 있다. 최근 비타민 E는 알츠하이머와 파킨슨씨병과 심장질환의 예방과 치료효과가 있는 것으로 알려져 있으며 통증예방과 정자세포의 생산에도 관여하고 있다는 연구보고가 많이 등장하고 있다. 해바라기씨기름, 포도씨기름, 올리브기름 등 식물성 기름에 비타민 E가 다량 함유되어 있지만 질병예방에 관련된

400~500 IU를 음식을 통해서 섭취한다는 것은 간단한 일이 아니기 때문에 천연소재(토코페롤)로 만들어진 비타민 E 보조제 400~500 IU를 매일 섭취하는 것이 좋다.

## 8. 필수지방산 오메가-3 1,200mg을 매일 보조제로 섭취한다.

오메가-3는 비타민은 아니지만 몸에 필요한 필수지방산으로 심혈관계질환과 염증성질환을 예방하고 혈전현상방지작용을 한다. 고혈압, 당뇨병, 동맥경화, 고지혈증 등의 생활습관질환증세와 간질환, 알러지, 천식, 기관지염, 아토피성피부염, 다발성경화증, 통풍, 건선, 루프스낭창 등의 염증성질환을 가진 사람들은 오메가-3를 섭취할 필요가 있다. 오메가-3를 등푸른 생선에서 섭취할 수 있기 때문에 보조제로 섭취할 필요가 없다고 주장하는 사람도 있는데, 무지에서 오는 미신이라고 할 수 있다. 필수지방산은 우리 몸에서 생산할 수 없는 것이며, 다른 종류의 지방대사 조절에도 관여하며, 하루에 1,200mg 이상의 오메가-3(EPA, DHA)를 섭취하려고 하면 등 푸른 생선의 대표격인 고등어를 하루에 적어도 10마리 이상 섭취해야 한다. 최근 고등어에는 수은이 과다하게 함유되어 있고, 고등어의 단백질은 요산을 체내에 만드는 주원인이 되어 다량 섭취하면 통풍의 원인이 된다. 따라서 적절하게 섭취하는 것은 문제가 없지만, 열거된 질환을 예방하기 위해서는 오메가-3 1,200mg을 매일 아침 식사 후에 섭취하는 것이 바람직하다.

많은 사람들이 반복적으로 질문하는 내용이지만, 비타민과 미네랄 보조제가 너무나 많기 때문에 신장과 간장에 악영향을 미치지 않을까에 대한 우려와 매일 섭취량이 너무 많기 때문에 거부 반응을 가지고 있는 사람들이 많다. USP마크에 의하여 성분과 성능과 제조공정이 검증된 제품으로 천연 소재로 된 비타민-미네랄 보조제를 섭취한 3,000명의 피검자로부터 채취한 혈액을 암시야 진단장비로 관찰해 본 결과 우려가 될 만한 단 하나의 케이스도 발견할 수 없었다. 물론 검증되지 않는 민간보조제품이나 화학적으로 합성된 비타민-미네랄을 과도하게 섭취한 경우는 예외라고 할 수 있다. 조절영양소라고 할 수 있는 미네랄워터와 천연 소재로 된 비타민과 미네랄은(추가로 필수지방산) 혈액의 기능을 회복하고 혈액을 건강하게 유지하는 필수적인 물질이라고 할 수 있다.

## 9. 알칼리성 은이온수(콜로이드 실버수)를 하루에 500 CC 이상 마신다.

알칼리성 콜로이드실버수는 천연항생효과를 가지고 있으며, 용존산소가 풍부하고, 은나노입자의 미동량 전극작용으로 위장,

장관, 그리고 혈액 안에 있는 나쁜 박테리아와 악성 바이러스의 과도한 증식을 억제할 수 있다. 특히 만성적인 알러지 증상과 장 내와 혈관 내 조직의 염증성 질환을 개선하는 데 뛰어난 효과를 가지고 있다.

## 10. 알칼리성 은이온을 함유한 수분자 결합 음이온 공기를 흡입한다.

천연항생효과를 가진 알칼리성 콜로이드 실버수와 초음파진동자를 사용하여 대기 중에 방출한 수분자 결합 음이온 공기는 **빙강**과 기관지와 폐포를 건강하게 만들기 때문에 폐렴에 노출된 고령자, 감기 바리러스에 노출되는 어린아이들에게 강력한 예방효과를 줄 것이다. 특히 폐기능이 저하된 사람들에게 있어서 외부에 침투한 병원균의 증식을 천연적인 방법으로 억제할 수 있는 가장 이상적인 방법은 나노사이즈의 은이온입자를 함유하면서 초미세한 수분자 결합 음이온을 가지고 있는 공기를 흡입하는 것이다.

〈경고와 주의〉 본서에 있는 내용과 혈액건강을 위한 기초적인 가이드라인은 과학적인 증거들과 체험사례를 종합한 것이며 최대한 사실에 기초한 내용을 담기 위하여 노력하였다. 그러나 이러한 가이드라인은 자가진단과 기존의료수단에 대처할 수 있는 처방과 치료목적으로 사용될 수 없다. 각종 질환을 가진 환자들은 처방약의 사용과 정지 등에 관련된 사항에 있어서 반드시 담당의사와 상담하거나 지시를 따라야 하는 것이 이상적이고 바람직하다. 책에 주어진 정보를 선택하여 발생하는 모든 책임은 독자들에게 있다는 것을 미리 알려 드린다.

# 닫으면서

"육체의 생명은 피 안에 있다."는 『성경』의 구절은 사실 과학적인 증명이 필요 없으며 있는 그대로 삶에 적용하기만 하면 되는 것이다. 섭취한 모든 영양소는 반드시 혈액 안에 녹아 들어간다. 생명유지에 필요한 영양소를 운반하는 혈액이 오염되면 모든 질병은 시작된다고 보면 된다. 따라서 혈액 속에 영양분을 흡수하고 이동할 때도 물의 힘이 필요하지만 노폐물을 밖으로 배출하기 위해서도 물의 힘이 필요한 것이다. 혈액 속에 있는 각종 노폐물을 밖으로 배출하기 위하여 신장과 폐는 하루에 적어도 2.5리터 이상의 물을 밖으로 뿜어내고 있는 것이다. 본서는 혈액이 어떤 역할을 하고 있으며 그 속에 있는 물이 어떤 작용을 하고 있는지 그리고 수분자를 함유한 공기의 역할에 대해서 논하였다.

현대의학이 아무리 발달하였어도 인체에 대하여 해명된 실제적인 과학적 지식은 10%도 되지 않는다고 한다. 한 마디로 입력과 출력은 알고 있지만 그 가운데 있는 시스템은 거의 블랙박스라고 할 정도로 인체의 세계는 신비하다. 우주의 세계도 신비이지만, 우주와 맞먹을 정도로 인체도 창조의 신비라고 할 수 있다. 본서는 인체를 부분적으로 볼 것이 아니라 하나의 네트워크 시스템으로 보고서 그 속에 있는 혈액과 물의 역할을 종합적인 각도로 보자는 생리학적인 관점에서 다루었다.

강의나 세미나를 하면서 사람들로부터 "물만 제대로 마시면 병이 낫느냐?"는 질문을 많이 받는다. "미네랄 워터만 제대로 마시면 모든 병이 나을 수 있다."고 말해 주고 싶지만 균형 있는 음식과 적절한 운동은 하지 않고 앉아서 물만 마시는 사람들이 생길까 봐 대답해 주지 않는다. 저자의 스승인 도쿄대학 의학부의 구마다 교수는 평생을 순환생리학과 통합의학만 연구하다가 세상을 떠난 의학자였다. '물의 생리학'을 세상에 알리고 싶었지만 알리지 못하고 세상을 떠난 학자였다. 저자는 구마다 교수의 뒤를 이어서 수많은 사람들에게 물의 생리학과 치료에 관련된 공개 강의와 세미나를 진행하게 되었다. 참석자들은 미네랄 워터를 마시면서 잘못된 생활습관을 고쳐나가는 과정에 의학적인 상식을 뛰어넘는 건강개선과 치료의 효과에 대해 체험하였다. 이 조그만 책을 통하여 치료불능으로 알려진 만성질환으로 고통을 받는 수많은 사람들이 물과 공기에 대한 기초적인 지식을 습득하여 건강한 생명을 회복하고 누리기를 바라는 소박한 꿈을 가져 본다.

[뉴욕 M-Health Project 2006~2007]

[뉴저지 M-Health Project 2006~2007]

[필라델피아 M-Health Project 2006~2007]

[ M-Health Project]

2006년 9월에서 2007년 6월까지 진행된 '목회와 건강'에 연인원 4,700명이 참석하여 암시야 진단 현미경으로 혈액을 관찰받았던 참석자는 2,500명이었다. 장소는 뉴욕, 뉴저지, 필라델피아지역에 있는 교회들이었으며, 매주 월요일에 진행하였다. 미네랄워터, 비타민-민네랄 보조제의 섭취를 통하여 혈액의 건강이 어떻게 개선되고, 각종 만성질환의 고통으로부터 회복 될 수 있는가를 나누었다.

[건강세미나 중에 권하는 10권의 필독추천도서]

1. 알고 마시는 물 (배문사/주기환)
2. 알칼리성콜로이드실버수 (배문사/주기환)

3. 약이 사람을 죽인다(웅진리빙하우스/레이스트렌드)

4. 암과 싸우지마라(한송/곤도마고코)

5. 암은 혈액으로 치료한다 (양문/이시하라유우미)

6. 비타민혁명(웅진윙스/좌용진)

7. 의사와 약에 속지 않는 법(랜덤하우스중앙/미요시모토자와)

8. 병안걸리고 오래 사는 법 (이아소/신야히로미)

9. 자연이 주는 최상의 물(동도원/벳맨겔러지)

10. 해독과 치유 (창조문화/시드니맥도날드)

# 참고문헌(연대별)

(1) P. Lenard, "Über die elektrizität der wasserfälle", A*nn. Phys., 46*, pp. 584～636, 1892.

(2) A. Kruger, "Air ions and physiological function", *J. G. Physio., Vol 45,* 1962.

(3) P, Makela, "Studies on the effects of ionization on bacterial aerosols in a burns and plastic surgery unit", *Journal of Hyg. 83,* pp. 199～206, 1979.

(4) 飯田喜俊, 『水と電解質』, 中外醫學社, 1979.

(5) B. Rose, *Clinical physiology of acid-base and electrolyte disorders,* McGraw-Hill Book, 1984.

(6) H. Humes, *Pathophysiology of electrolyte and renal disorders,* Churchill Livingstone, 1986.

(7) 北岡建樹, 『水・電解質の知識』, 南山, 1986.

(8) 超川昭三, 『酸鹽基平衡』, 中外醫學社, 1987.

(9) A. McNaught, *Illustrated physiology,* Churhchill Livingstone, 1987

(10) C. Schwerdtle, *Introduction into darkfield diagnostics*, Semmelweis-Verlag, 1993.

(11) 熊田衛, 『標準生理學』, 醫學書院, 1993.

(12) B. Mitchell, "Effect of negative air ionization on airborne transmission of Newcastle Disease Virus", *Avian Dis., 38(4)*, pp. 725~732, 1994.

(13) 熊田衛, 『新生理學』, 文光堂, 1994.

(14) F. Batmanghelidj, *Your body's many cries for water*, Global Health Solution, 1997.

(15) 米山正信, 『イオンが好きになる本』, 講談社, 1997.

(16) A. Banik, *Your water and your health*, McGraw-Hill, 1998.

(17) M. Terman, "A controlled trial of timed bright light and negative air ionization for treatment of winter depression", *Arch Gen Psychiatry, 55(10)*, pp. 863~864. 1998.

(18) B. Abelow, *Understanding acid-base*, Lippincott Williams & Wilkins, 1998.

(19) L. Chaitow, *Hydrotherapy: water therapy for health and beauty* (Health Essentials Series), Element Books, 1999.

(20) 周起煥, 『風化サンゴパワー ミネラル・水・マイナスイオンの秘密』, 風塵社, 2000.

(21) 久保田博南, 『電氣システムとしての人體』, 講談社, 2001.

(22) R. Young, *The pH miracle,* Warner Books, 2002.

(23) J. Bartram, *Water and health in Europe,* WHO, 2002.

(24) F. Batmanghelidj, *Water: For health, for healing, for life: You're Not Sick, You're Thirsty,* Global Health Solution, 2003.

(25) 佐卷健男, 『水とからだの健康』, 小學館, 2004.

(26) 周起煥 , 『風化サンゴの生理學的な效果』, 風塵社, 2005.

(27) 주기환, 『콜로이드 실버』, 배문사, 2005.

(28) C. Vasey, ***The water prescription for health, vitality, and rejuvenation,*** Healing Arts Press, 2006.

(29) 주기환, 『알고 마시는 물』, 배문사, 2006.

(30) L. Laakso, "Waterfalls as sources of small charged aerosol particles", *Atmos. Chem. Phys., 7,* pp. 2271∼2275, 2007.

(31) 주기환, 『알칼리성 콜로이드 실버수』, 배문사, 2007.

# 혈액과 물과 공기

■

**지은이** | 주기환

■

**초판 1쇄** 2007년 9월 10일
**5쇄** 2020년 5월 15일

■

**펴낸이** | 길명수
**펴낸곳** | 배문사
**출판등록** 1989년 3월 23일, 제10-312호
**주소** 서울시 서대문구 충정로 2가 37-18
**전화** (02)393-7997
**팩스** (02)313-2788
**e-mail** pmsa526@empas.com

■

**편집 인쇄** 삼중문화사
ⓒ 주기환, 2007

ISBN 978-89-87643-36-6(03590)

값 12,000 원